RECHERCHES

THÉORIQUES ET EXPÉRIMENTALES

SUR LES

CAUSES ET LE MÉCANISME

DE LA

CIRCULATION DU FOIE

RECHERCHES

THÉORIQUES ET EXPÉRIMENTALES

SUR LES

CAUSES ET LE MÉCANISME

DE LA

CIRCULATION DU FOIE

PAR

Ch.-Léopold ROSAPELLY

Interne des hôpitaux de Paris,
Membre de la Société anatomique.

PARIS

ADRIEN DELAHAYE, LIBRAIRE-ÉDITEUR,

PLACE DE L'ÉCOLE DE MÉDECINE.

1873

RECHERCHES

THÉORIQUES ET EXPÉRIMENTALES

SUR LES

CAUSES ET LE MÉCANISME

DE LA

CIRCULATION DU FOIE

INTRODUCTION

Les phénomènes de la circulation du foie n'ont jamais été déterminés directement et, jusqu'alors, c'est en appliquant aux dispositions spéciales du système de la veine porte les faits physiologiques constatés dans les autres parties de l'appareil circulatoire qu'on a déduit le mécanisme de la circulation dans le système veineux hépatique. Cette lacune est facile à expliquer quand on considère l'impossibilité d'atteindre avec les instruments dont on se sert habituellement des vaisseaux tels que la veine-porte et que les veines sus-hépatiques qui se trouvent profondément enclavés dans la cavité abdominale et ne peuvent être découverts qu'aux dépens de l'intégrité d'organes très-importants et même de la vie de l'animal en expérience.

Convaincus de l'importance d'une telle étude et sans chercher à vaincre ces difficultés nous nous sommes du moins efforcés de les tourner en imitant le procédé employé par MM. Chauveau et Marey dans l'étude de la circulation cardiaque, procédé qui consiste à introduire par des vaisseaux superficiels et facilement accessibles les instruments qu'on veut faire pénétrer dans les vaisseaux profonds. Ce sont les phénomènes observés par ce moyen et les expériences qui nous ont servi à les déterminer, que nous nous proposons d'exposer dans ce travail.

Mais pour interprêter sûrement les résultats obtenus, il était indispensable d'établir d'abord les conditions générales auxquelles sont soumis d'une part le système veiveux thoracique et d'autre part le système veineux abdominal.

La veine porte et ses branches d'origine situées dans la cavité abdominale subissent en effet une influence spéciale, indépendante des conditions intrinsèques de la circulation ; cette influence consiste dans les pressions exercées par l'enveloppe musculaire de l'abdomen sur tous les organes qui y sont renfermés. Les conditions en sont assez simples et clairement établies.

Quant aux veines sus-hépatiques, lorsqu'on les considère au point de vue du mécanisme de la circulation, elles appartiennent non plus à l'abdomen, mais à la cavité thoracique. Ce fait a été mis hors de doute par Bérard lorsqu'il eût démontré que la portion de la veine-cave qui les sépare du thorax est maintenue constamment béante par ses attaches à l'anneau du diaphragme et que les parois de ces veines elles-mêmes sont incompressibles pour pouvoir répondre à l'action aspirante de la poitrine.

Depuis cette époque l'aspiration thoracique est considérée, à bon droit, comme l'une des principales causes de la circulation du foie ; aussi avons-nous dû rechercher quelle est l'influence exacte qu'elle exerce sur les phénomènes de la circulation veineuse. Or, cette influence telle qu'elle est établie par les travaux de Barry et de Bérard ne peut plus être acceptée sans réserve. D'autre part, l'analyse des auteurs modernes et particulièrement les recherches de M. Donders ainsi que quelques expériences personnelles nous ont montré des faits qui se trouvent en contradiction avec certaines idées généralement admises encore aujourd'hui touchant les causes et les effets de l'aspiration thoracique. La discussion et l'exposé de ce point fondamental dans la théorie de la circulation du foie ne pouvaient être abrégés et nous avons dû leur donner place avec leurs développements au commencement de ce travail.

Celui-ci se trouvera donc divisé en deux parties :

La première partie comprendra :

L'étude des conditions générales de la circulation du foie fondée sur :

1° Les phénomènes de l'aspiration thoracique ;

2° L'influence du thorax sur la circulation veineuse thoracique ;

3° L'influence de l'abdomen sur la circulation veineuse abdominale.

La deuxième partie renfermera l'exposé de nos expériences personnelles et l'analyse des phénomènes qu'elles nous ont permis d'observer dans les veines du foie. Nous y étudierons :

1° La pression du sang dans les veines sus-hépatiques ;

2° La pression du sang dans la veine porte ;

3° La vitesse de sang dans le système veineux hépatique.

Nos expériences ont été faites dans le laboratoire de physiologie de la Sorbonne avec la collaboration de M. le docteur Jolyet, préparateur de physiologie à la Faculté des

Sciences. Nous devons à M. le professeur Paul Bert l'expression de toute notre reconnaissance pour les conseils qu'il nous a donnés et pour la libéralité avec laquelle il a mis son laboratoire à notre disposition.

PREMIÈRE PARTIE

Conditions générales de la circulation du foie

Puissances mécaniques du thorax et de l'abdomen

CHAPITRE PREMIER

Influence spéciale du thorax sur la circulation.

§ I. Coïncidence de certains phénomènes circulatoires avec les mouvements de la respiration.

Découverte de Barry. — L'influence des mouvements respiratoires sur la circulation, n'a véritablement pris place dans le domaine scientifique que depuis la publication du mémoire de Barry (*Recherches sur les causes du mouvement du sang dans les veines*, Paris 1825).

Longtemps avant lui, Valsalva et Morgagni avaient remarqué que la veine jugulaire, mise à nu sur le chien vivant, s'affaisse à chaque inspiration.

Haller, se fondant sur cette observation et sur ses propres expériences, enseignait que pendant l'inspiration toutes les veines deviennent pâles, s'aplatissent et se vident du sang qu'elles contenaient; que pendant l'expiration, elles se gonflent, deviennent bleues, cylindriques, et que plus les deux temps de la respiration sont marqués, plus ces phénomènes deviennent apparents.

Enfin Magendie avait montré que l'influence respiratoire se fait sentir dans la circulation veineuse en rendant le *vis a tergo* plus ou moins énergique : En liant les jugulaires d'un chien et en pratiquant au-dessus de la ligature une ouverture dans l'une de ces veines qui sont alors gonflées par le sang, il avait vu le jet fourni par la veine triplé ou quadruplé de longueur dans les grands efforts d'expiration.

Tous ces faits montraient bien que les mouvements respiratoires avaient une influence sur les phénomènes de la circulation; on trouve même exprimée dans plusieurs auteurs l'hypothèse d'un appel du sang veineux par la dilatation de la poitrine au moment de l'inspiration; mais à l'exemple de Haller, on pensait que cette action devait être négligée, et ne pas être rangée parmi les causes qui favorisent le cours du sang dans les veines.

Barry en démontrant à la fois dans l'aspiration thoracique un agent réel de la circulation veineuse, et une force indépendante du ventricule, introduisit donc dans la science sinon une notion tout à fait nouvelle, du moins la connaissance exacte d'un fait qui, confirmé par l'expérimentation, allait bientôt devenir la base de toute une nouvelle série de recherches.

Parmi les auteurs de ces travaux nous devons citer Barry (1), Bérard (2), Poiseuille (3), Magendie (4), Ludwig (5), Donders (6), Weber (7), Chauveau et Marey (8).

Nous allons, en nous appuyant sur ces travaux, étudier le phénomène de l'aspiration thoracique et établir les conditions générales sur lesquelles il repose.

Nous discuterons ensuite les applications qu'on en a faites aux variations de la pression sanguine intra-thoracique et au mécanisme de la circulation.

§ 2. Démonstration de l'aspiration thoracique.

La première et la plus connue des expériences de Barry consiste à introduire dans la veine jugulaire du cheval un tube de verre dont une des extrémités est poussée jusque

---

(1) Barry. — *Recherches sur les causes du mouvement du sang dans les veines*. Paris, 1825. — *Dissertation sur le passage du sang à travers le cœur*. Thèse. Paris, 1827.

(2) Bérard. — *Cours de physiologie*, t. IV, et *Mémoire* dans *les Arch. génér. de médec.*, 1835.

(3) Poiseuille. — *Journal hebd.*, 1831.

(4) Magendie. — *Leçons sur les phénomènes physiques de la vie*, 1837.

(5) Ludwig. — *Influence des mouvements respiratoires sur le cours du sang dans l'aorte*, *Muller's Arch.*, 1847.

(6) Donders. — *Contrib. à la physiol. de la resp. et de la circ.* In. *Zeitschrift für rat. Med.*, 1853 et 1856.

(7) Weber. — *Arrêt volont. de la circul.* dans *Berichte ueber die Verhandlungen*. Leipzig, 1850 et dans *Arch. gén. de méd.* 1853.

(8) Marey. — *Physiol. médicale de la circul.* Paris, 1863.

dans la veine cave, tandis que l'autre extrémité, recourbée, plonge dans un liquide coloré.

Dans cette expérience, qu'il a faite un grand nombre de fois sur le cheval et sur le chien, Barry a toujours vu le liquide coloré s'élever dans le tube et couler rapidement vers le cœur pendant l'inspiration, s'arrêter ou refluer un peu vers le vase extérieur pendant l'expiration.

Jamais, d'ailleurs, le reflux du liquide pendant l'expiration ne compensait l'appel qui lui avait été imprimé pendant la période inspiratoire, si bien qu'en peu de temps, ce liquide se trouvait entièrement vidé dans la poitrine. En répétant la même expérience pour la cavité pleurale et pour le péricarde, Barry constata également l'aspiration du liquide dans ces deux cavités.

De ces faits il tira cette conclusion : « Les cavités des grandes veines thoraciques et toutes les cavités thoraciques aspirent les liquides mis en communication avec elles. »

Le soin avec lequel Barry a exposé le détail de ses expériences permet de s'assurer de l'exactitude de son interprétation. Son appareil se composait de quatre parties :

1° Une sonde introduite toute entière dans la veine ;

2° Un tube de verre communiquant avec la sonde et roulé en spirale de manière à suivre plus longtemps le trajet du liquide ;

3° Un tube de verre droit faisant suite au précédent et recourbé de manière à prendre la direction verticale ;

4° Un vase contenant le liquide coloré et dans lequel venait plonger l'extrémité de ce tube vertical.

La portion verticale du tube de verre mesurait 11 centimètres de longueur ; ce détail a une grande importance, car il ajoutait une colonne d'eau de 11 centimètres qui s'opposait à l'introduction du liquide dans la poitrine et tendait au contraire en faisant l'office de siphon à vider au dehors le sang contenu dans la veine cave. Malgré cet obstacle, l'appel du liquide s'exerçait d'une manière constante pendant l'inspiration, et c'est là une preuve convaincante de la réalité de l'aspiration thoracique.

§ 3. L'aspiration thoracique ne s'exerce pas exclusivement pendant l'inspiration.

Si l'idée fondamentale du mémoire de Barry se trouve justifiée, il n'en est pas de même de la seconde conclusion qu'il a ainsi formulée : « L'aspiration des fluides mis en communication avec la cavité thoracique n'a jamais lieu que pendant l'expansion des parois du thorax ; c'est-à-dire pendant l'inspiration. »

Si nous nous reportons à ses expériences, nous voyons que cette conclusion est contraire à un certain nombre de faits observés par Barry lui-même qui n'a tenu compte ici que des résultats obtenus sur les veines. Ainsi, dans toute une série d'expériences entreprises à Alfort sur le péricarde du cheval, le liquide montait constamment dans le tube, mais bien plus fortement dans les instants de la dilatation des poumons. Une fois même, il a constaté l'entrée du liquide après la mort de l'animal. Ces faits ne peuvent pas se concilier avec l'interruption de l'aspiration thoracique pendant l'expiration. Barry qui ne les avait observés qu'après la publication de son mémoire les a simplement mentionnés dans un appendice sans rechercher leur explication et sans modifier sa conclusion, de sorte que celle-ci est encore acceptée dans presque tous les traités de physiologie.

Pour nous, ces faits ne peuvent s'expliquer que par la continuité de l'aspiration thoracique ; mais il nous est facile de comprendre l'erreur d'interprétation commise par Barry en nous rappelant l'hypothèse même qui lui avait fait entreprendre ses expériences : « Il est, disait Barry, une loi constante d'hydraulique ; c'est que tout liquide en contact avec l'atmosphère et en communication avec une cavité qui se dilate est nécessairement attiré vers elle, c'est-à-dire contraint d'y pénétrer par la pression atmosphérique. Il devenait en conséquence probable que le sang était attiré dans les veines caves thoraciques pendant l'inspiration. »

Avec un tel point de départ, les résultats obtenus sur le péricarde devenaient inexplicables et étaient tellement inattendus qu'un certain nombre de faits analogues ont dû échapper à l'attention de Barry. Il semble, en effet, que ce soient les professeurs d'Alfort qui n'avaient pas la même idée préconçue qui les lui aient fait remarquer ; car dans des expériences précédentes, faites dans les mêmes conditions, il ne la signale pas.

§ 4. Zône d'action de l'aspiration thoracique. Rigidité des gaînes vasculaires.

Barry pensait que l'effet de l'aspiration thoracique s'étendait jusqu'aux ramifications les plus éloignées du système veineux. Bérard montra que si Barry eut adapté son appareil à une veine éloignée du cœur, dans la continuité d'un membre, par exemple, l'action aspirante ne se fût pas transmise jusqu'au liquide ; la pression atmosphérique s'y fût opposée en aplatissant la veine dans la partie intermédiaire au tube et à l'oreillette. L'expérience eût manqué aussi dans le cas où le tuyau destiné à laisser passer le liquide dans l'oreillette eût été susceptible de se laisser affaisser par la pression de l'air.

Une condition est donc indispensable pour que l'aspiration thoracique puisse s'exercer, c'est que les veines soient maintenues béantes pendant son action. Or, c'est une propriété des canaux veineux de se laisser aplatir lorsque la pression intérieure cesse de dilater leurs parois ; mais cette propriété n'est pas générale ; depuis longtemps on connaissait déjà la rigidité des sinus de la dûre-mère et des parois des veines sus-hépatiques, Bérard démontra qu'une disposition analogue existait dans la plupart des veines voisines de la poitrine, et que cette disposition était liée au phénomène de l'aspiration thoracique.

Les deux veines sous-clavières, dit Bérard, la jonction de ces veines aux jugulaires, n'offrent pas les caractères qu'on a assignés aux vaisseaux veineux ; elles ne deviennent flasques et plissées qu'autant qu'on les a séparés des lames fibreuses auxquelles elles adhèrent. Les lames aponévrotiques du cou, remplissent à l'égard de plusieurs des veines de cette région une fonction qui n'avait point été soupçonnée, celle de les maintenir dans un certain degré de tension, de dilatation.

D'autre part, la veine-cave inférieure, dans son trajet à travers le diaphragme, est entourée d'une toile fibreuse qui l'attache au pourtour de l'ouverture aponévrotique qui lui donne passage. C'est immédiatement au-dessous du diaphragme que cette veine reçoit les plus gros troncs des veines sus-hépatiques dont les parois sont adhérentes au tissu du foie en sorte que ces veines restent béantes lorsqu'on les a divisées.

Telle est la particularité anatomique, ajoute Bérard, que je me proposais de faire connaître; elle ne peut manquer d'exercer quelque influence sur le cours du sang veineux, de se rattacher à quelque phénomène de mécanique animale.

La lecture du mémoire de Barry ne laisse aucun doute à Bérard sur la part que prennent les mouvements du thorax à l'abord du sang veineux dans l'oreillette droite et les veines caves, et il fait remarquer que c'est justement près du lieu où s'opère le vide que les vaisseaux reçoivent le moyen de résister à la pression atmosphérique. De plus, au moment où le vide se fait avec le plus d'énergie, c'est-à-dire pendant l'inspiration, les vaisseaux du cou acquièrent un surcroît de résistance; car les aponévroses qui entourent ces vaisseaux constituent par les adhérences qu'elles affectent avec les os de la région une sorte d'appareil cloisonné qui se trouve tendu davantage dans le mouvement que la poitrine exécute pendant l'inspiration.

Bérard fait donc mieux que d'établir les limites dans lesquelles peut s'exercer directement l'appel du sang veineux; il précise et confirme le rôle de l'aspiration thoracique par le rapprochement de cette disposition spéciale des vaisseaux voisins de la poitrine; disposition qu'il a si bien décrite et dont il a su faire une si ingénieuse application.

§ 5. L'aspiration thoracique réside dans la dilatation du médiastin.

Barry en recherchant la cause de l'aspiration thoracique l'avait attribuée à la dilatation qui s'opère à chaque inspiration dans la capacité du médiastin. Voici comment il explique cette dilatation : Pendant la période inspiratoire le diamètre vertical du médiastin se trouve agrandi par l'abaissement du diaphragme et il en est de même de son diamètre antéro-postérieur en raison de la projection du sternum en avant ; quant au diamètre transversal, le poumon, en se dilatant, aurait pu le diminuer en comprimant chacune des lames du médiastin et compenser ainsi l'agrandissement dû à l'augmentation des deux autres diamètres ; mais cela n'a pas lieu pour la raison suivante : au moment de l'inspiration, les deux lames du médiastin se trouvent tirées, d'une part, par l'a-l'abaissement du diaphragme, d'autre part par l'écartement du sternum de sorte qu'elles se trouvent assez fortement tendues pour résister à la compression exercée sur elles par les poumons.

L'agrandissement des deux diamètres vertical et antéro-postérieur s'exécute bien par le mécanisme invoqué par Barry ; mais il s'est trompé en pensant que la dilatation des poumons pendant l'inspiration pouvait aplatir le médiastin suivant son diamètre transverse ; les poumons, loin de comprimer les lames du médiastin, les entraînent au contraire en sens inverse l'une de l'autre et agissent dans le sens de l'agrandissement du médiastin ; c'est ce que Bérard chercha à démontrer en se fondant sur une des propriétés du tissu du poumon, l'élasticité pulmonaire.

§ 6. L'élasticité pulmonaire est la condition principale de la dilatation du médiastin.

Le poumon, renfermé dans la poitrine, tend constamment à revenir sur lui-même ; et, même dans l'expiration forcée, son élasticité n'est pas complétement satisfaite ; tout le monde sait que sur le cadavre, les poumons s'affaissent lorsqu'on ouvre la cavité thoracique.

Si vous disposez, dit Bérard, d'un cadavre dont les poumons soient sains, ouvrez la cavité abdominale et retirez-en les viscères sans intéresser le diaphragme ; vous verrez ce dernier muscle tendu, convexe du côté de la cavité thoracique, et entraîné vers elle de manière à résister aux tractions par lesquelles vous tenteriez de l'entraîner vers l'abdomen. C'est dans cet état qu'on le dissèque avec le plus de facilité et les étudiants ne l'ignorent pas. Les choses étant ainsi disposées, faites une ponction aux parois de la poitrine ou du diaphragme ; de suite, le muscle perd sa tension, il devient flasque et tombe dans la cavité abdominale ; si vous observez en même temps le poumon, vous le verrez fuir lentement et se réduire du tiers ou de la moitié de son volume. La cause de ce phénomène est l'élasticité pulmonaire.

Ainsi, il existe dans chaque cavité pleurale un organe qui se trouve constamment dans un état d'extension forcée, dans une tendance continuelle au resserrement.

Si le poumon, au moment de la plus grande expiration possible, loin d'être comprimé, est encore plus vaste que ne lui permettraient ses propriétés de tissu, pendant l'inspiration, la tendance au resserrement deviendra de plus en plus énergique et ses effets d'autant plus marqués. Un de ces effets consiste à attirer du côté de la cavité pleurale les parois qui l'entourent. Or, en envisageant ces parois, il est facile de voir que le côté inférieur, constitué par le diaphragme et le côté extérieur composé de la portion osseuse et cartilagineuse de la poitrine, loin de se laisser déprimer pendant l'inspiration, s'écartent au contraire, puisqu'ils sont les agents de la dilatation du poumon ; le côté supérieur s'affaisse légèrement au niveau du creux sus-claviculaire ; reste le côté interne constitué par la lame correspondante du médiastin, membrane molle et mobile. Si, comme il est aisé de le comprendre, chacune de ces deux lames est entraînée vers la cavité pleurale correspondante, elle s'éloignera de celle du côté opposé et agrandira ainsi le médiastin dans le sens transversal.

Nous pouvons donc dire avec Bérard que, si pendant l'inspiration, le médiastin se trouve agrandi dans tous ses diamètres, c'est grâce à l'élasticité pulmonaire. Qu'on ouvre la poitrine d'un animal, et aussitôt que les poumons sont affaissés, les plus grands efforts d'inspiration ne pourront plus produire a dilatation du médiastin.

Bérard, en découvrant l'influence de l'élasticité pulmonaire sur la dilatation du médiastin et par là sur l'aspiration thoracique tenait donc la vraie solution des expériences dans lesquelles Barry avait observé l'appel continu du liquide dans la poitrine ; car si l'élasticité pulmonaire, propriété physique et constante, n'est pas entièrement satisfaite, même dans le cas le plus défavorable, c'est-à-dire dans les expirations extrêmes, son effet d'attraction sur les lames du médiastin et et la tendance au vide dans l'intérieur de cette cavité devront être regardés comme des phénomènes constants, l'inspiration ne faisant que les rendre plus apparents. Cependant, Bérard s'en tint aux conclusions de Barry, et quoiqu'il se rendit très-bien compte des effets mécaniques de l'élasticité du poumon, il n'osa pas affirmer la continuité de l'aspiration thoracique.

§ 7. Mesure de l'élasticité pulmonaire.

Nous pouvons regarder comme établi que l'élasticité pulmonaire est la cause la plus importante de l'aspiration thoracique ; il convient donc de connaître exactement sa puissance et ses modifications.

Carson avait déjà fait des expériences pour évaluer la force élastique des poumons et trouvé qu'elle contrebalançait le poids d'une colonne d'eau d'un pied à dix-huit pouces de hauteur chez le veau, le mouton et le chien de haute taille.

Donders, qui a mesuré au moyen du manomètre les variations de la puissance rétractile du poumon, a apporté dans l'étude de cette question toute la précision désirable.

Il a mesuré l'élasticité pulmonaire sur le cadavre, sur les poumons isolés de la poitrine, enfin chez l'animal vivant.

Sur le cadavre, il met à nu la trachée, passe un fil entre ce conduit et l'œsophage, puis, coupant transversalement la trachée à sa partie supérieure, il y introduit un tube de verre muni d'un bouchon sur lequel il fixe fortement les parois du conduit aérien en ramenant en avant les chefs du lien passé derrière elle et en les arrêtant par un double nœud.

L'opérateur met alors le tube de verre en communication avec un manomètre au moyen d'un intermédiaire en caoutchouc également fixé avec soin à ses deux extrémités. De cette manière, l'air renfermé dans les poumons, la trachée et les tubes de l'appareil se trouve renfermé dans un espace clos qui ne peut s'agrandir ou se rétrécir qu'en faisant mouvoir le liquide du manomètre. Si l'on fait alors une ouverture à la paroi thoracique, les poumons reviennent sur eux-mêmes, compriment l'air qu'ils contiennent et l'amènent à une pression que mesure la différence de niveau qui se produit dans le liquide du manomètre. Cette pression est la mesure de la force de rétractilité du poumon, c'est-à-dire de son élasticité lorsqu'on expérimente sur le cadavre. Dans ces conditions, Donders trouve que la pression varie entre 3 et 8 centim. d'eau.

Donders a alors recherché quelles étaient les modifications de l'élasticité pulmonaire dans des poumons enlevés de la cavité thoracique et soumis à différents degrés de dilatation. Il se servait pour cela de l'appareil précédent auquel il ajoutait simplement un tube en T qui permettait à la fois la communication avec le manomètre et avec une pompe foulante.

Au moyen de cette pompe il insufflait successivement dans l'intérieur du poumon des quantités égales d'air, de manière à placer l'organe à tous les degrés de dilatation. La pression augmentait d'abord lentement pour une certaine quantité d'air insufflé ; mais lorsqu'on se rapprochait de la plus grande dilatation possible des poumons, l'élasticité augmentait bien plus rapidement et acquérait une grande puissance.

La pression arrivait alors jusqu'à 24 cent. d'eau et pouvait même atteindre des chiffres encore plus considérables.

Chez l'animal vivant, le volume du poumon diminue beaucoup plus que sur le cadavre lorsqu'on ouvre le thorax ; il existe donc dans ce cas une autre force qui agit dans le même sens que l'élasticité pulmonaire, c'est la tonicité des fibres lisses du poumon.

Donders, en répétant ses expériences sur l'animal vivant a trouvé que la force musculaire moyenne des poumons pouvait être évaluée à une pression de 2 cent. d'eau.

Donders conclut de ces expériences que la rétractilité du poumon, résultat des deux conditions, la tonicité musculaire et l'élasticité, peut être évaluée à une pression de 7 mm. 5 de mercure après l'expiration normale, à 9 mm. après l'inspiration normale, enfin à 30 mm. et même à 50 mm. après une inspiration aussi profonde que possible et avec des poumons sains.

Si nous appliquons ces données au mécanisme de la dilatation du médiastin, nous pouvons conclure comme Donders que les poumons en raison de leur rétractilité empêchent à la pression atmosphérique de s'exercer tout entière sur les organes renfermés dans le médiastin ; que, par conséquent une pression négative s'exerce à la surface de ces organes ; enfin que cette pression, d'autant plus basse que les poumons se dilatent plus, a une influence plus marquée pendant l'inspiration que pendant l'expiration.

Pour nous résumer, nous pouvons donc dire que dans les conditions habituelles de la respiration, et du fait de la rétractilité pulmonaire, une pression négative variant entre 7 mm. 5 et 9 mm. de mercure tend continuellement à dilater le médiastin et les organes qui y sont contenus.

§ 8. Influence de la pression de l'air contenu dans le poumon sur la dilatation du médiastin.

Lorsque nous avons mesuré la hauteur et les variations de la pression négative que la rétractilité pulmonaire maintient autour des organes du médiastin, nous avons supposé que l'air contenu dans l'intérieur du poumon était toujours à la pression atmosphérique c'est-à-dire au zéro manométrique ; or cette pression varie avec les deux temps de la respiration ; de plus ces variations augmentent avec la fréquence de la respiration et surtout avec la résistance que rencontre l'air pour traverser les conduits aériens.

Barry avait déjà vu que les mouvements du liquide dans son appareil étaient plus étendus lorsqu'on apportait une gêne à l'entrée et à la sortie de l'air.

Valentin et Hutchinson ont mesuré à l'aide du manomètre à mercure appliqué aux fosses nasales la tension élastique de l'air contenu dans la poitrine, et ils évaluent à 5 mm. de mercure l'abaissement de pression que cet air présente pendant une inspiration normale.

Donders a étudié cette question avec beaucoup plus de détails. Il a trouvé que pendant les mouvements respiratoires ordinaires, la différence entre la pression atmosphérique et celle de l'air contenu dans le poumon est de 1 mm. à 3 mm. de mercure. Il existe donc, d'après lui dans l'intérieur du poumon, pendant tout le temps de l'inspiration, une pression négative de 1 mm. à 3 mm. et pendant tout le temps de l'expiration une pression positive de 1 mm. à 3 mm. de mercure. Cette différence de pression devient plus importante quand les mouvements respiratoires deviennent plus rapides; elle devient encore bien plus forte si l'on ferme la bouche ou les narines de manière que la respiration ne puisse s'effectuer qu'avec de grands efforts. Par ce moyen, on atteint pendant l'inspiration une pression négative de 36 à 74 mm. et pendant l'expiration une pression positive de 82 mm. à 100 mm. de mercure.

Pour mesurer la pression négative qui tend à dilater le médiastin et les organes qu'il contient, il faut donc faire la somme de ces deux conditions; rétractilité pulmonaire et pression de l'air intérieur du poumon.

Pendant l'inspiration la pression négative de l'air intérieur doit s'ajouter à la pression négative qui résulte de la rétractilité pulmonaire; et il est facile de voir que c'est à la fin de l'inspiration, lorsque la rétractilité pulmonaire est arrivée à son maximum que la somme des deux conditions est la plus forte. En prenant les chiffres de Donders, nous obtenons comme mesure de la pression négative qui s'exerce sur le médiastin à la fin de l'inspiration — 12 mm.

Pendant l'expiration on doit au contraire retrancher la pression positive de l'air intérieur de la pression négative dûe à l'élasticité pulmonaire; on trouve alors que la pression négative minima s'exerce sur le médiastin à la fin de l'expiration et qu'elle peut être évaluée alors à 7 mm, 5 moins 3 mm. c'est à-dire à — 4 mm. 5.

Nous verrons que c'est aussi à ces deux moments de la respiration que les tracés indiquent le maximum et le minimum de la pression du sang dans les vaisseaux.

CONCLUSIONS.

La cavité thoracique exerce une action spéciale sur la circulation du sang. Cette action qu'on désigne sous le nom d'aspiration thoracique n'est qu'un dérivé du rôle mécanique plus général attribué à la poitrine dans la fonction de la respiration. Elle consiste à abaisser la pression dans tout le système vasculaire thoracique et à faciliter ainsi le cours du sang.

La puissance qui produit l'aspiration thoracique réside dans la résistance que la cage thoracique oppose au dehors à la pression atmosphérique et en dedans à la rétractilité du poumon.

Cette puissance est transmise par l'intermédiaire de la rétractilité pulmonaire sur les deux parois latérales du médiastin qui se trouvent ainsi constamment attirées en sens inverse l'une de l'autre vers la cavité pleurale correspondante. Toutes les autres parois du médiastin étant incompressibles, cette cavité se trouve dans un état de tension permanente et les organes qui y sont contenus sont sollicités à rester béants et dilatés tant qu'une condition plus puissante ne les force pas à revenir sur eux-mêmes.

La dilatation du médiastin et par là l'aspiration thoracique varie avec la puissance de rétractilité du poumon et en sens inverse de la pression de l'air contenu dans cet organe. Elle augmente avec l'inspiration, diminue avec l'expiration et ces variations sont d'autant plus grandes que les mouvements respiratoires sont plus amples, plus rapides et accompagnés d'un effort plus considérable des muscles qui les produisent. Les grands efforts expiratoires peuvent même l'abolir complétement.

L'aspiration thoracique s'exerce directement dans toutes les parties du système vasculaire contenues dans le médiastin et sur les vaisseaux incompressibles qui communiquent avec cette cavité.

Elle s'étend par conséquent, pour le système veineux, jusque dans les ramifications des veines sus-hépatiques, dans la veine-cave abdominale jusqu'au dessous du foie et dans la veine cave thoracique jusqu'à l'origine des vaisseaux brachio-céphaliques.

Elle peut, même dans certains cas, par la tension des muscles et des aponévroses du cou, prolonger son action beau coup plus haut et peut-être jusque dans les sinus du crâne.

Pour le système artériel, elle agit sur l'aorte thoracique, l'origine des artères du bras et de la tête.

Quant à son action sur les vaisseaux de la petite circulation, on ne l'a jamais déterminée directement, on peut seulement supposer qu'elle ne s'exerce que sur l'origine des artères et des veines pulmonaires contenues dans le médiastin, jusqu'à la racine des poumons.

La partie de ces vaisseaux comprise dans le poumon étant soumise directement à la pression atmosphérique à travers la paroi des vésicules pulmonaires et des bronches ne doit subir que les variations de pression de l'air contenu dans le poumon et non celles de l'élasticité pulmonaire.

CHAPITRE II

Influence des conditions respiratoires sur le mécanisme de la circulation veineuse thoracique

§ 1. La pression atmosphérique n'a pas d'action directe sur la progression du sang veineux.

Nous avons déjà vu qu'une des conclusions de Barry ne rendait pas compte de tous les faits observés dans ses expériences et que les faits eux-mêmes avaient été incomplètement observés ; il est facile de s'expliquer à combien d'erreurs il dut être conduit lorsqu'il voulut appliquer cette conclusion à la théorie de la circulation veineuse.

Pour Barry, *la principale puissance qui pousse le sang à travers les veines est la pression atmosphérique*. Cette affirmation n'avait pas tardé à être combattue par Magendie qui se contentait de montrer que la pression atmosphérique ne peut pas pousser le sang plutôt dans un sens que dans l'autre, par conséquent pas plus du côté du cœur que du côté des capillaires.

Mais l'analogie que Barry a cru pouvoir établir entre les conditions de ses expériences et celles de la circulation veineuse est inacceptable encore sur d'autres points. Dans les expériences, le liquide était directement en rapport avec la pression atmosphérique et c'est elle qui le poussait dans l'intérieur de l'appareil ; dans la circulation normale, la pression au lieu d'agir sur le sang contenu dans la veine presse au contraire extérieurement sur les parois du vaisseau et l'aplatit si le vide tend à se former dans son intérieur.

De plus, nous avons déjà vu que le liquide qui remplissait le tube de verre vertical constituait une pression négative contre laquelle devait lutter l'aspiration thoracique, tandis que dans la veine jugulaire comme dans toutes celles qui viennent s'aboucher dans les veines thoraciques, existe au contraire, sauf des cas exceptionnels, une pression positive plus ou moins haute qui provient du *vis a tergo*. Dans ces conditions il suffit donc que l'aspiration thoracique maintienne dans les troncs veineux de la poitrine une pression moindre que celle des veines afférentes pour que le sang se précipite dans ce vide, relatif non plus à la pression atmosphérique, mais à sa propre pression. C'est par conséquent la pression du sang veineux dans les veines voisines de la poitrine et non pas la pression atmosphérique qui doit entrer comme facteur lorsqu'on transporte la question du domaine expérimental dans celui de la circulation veineuse.

§ 2. Le sang arrive au cœur pendant les deux temps de la respiration.

La fausse conception que Barry se faisait de l'aspiration thoracique dont l'action pour lui se trouvait interrompue à chaque expiration l'avait naturellement amené à cette conclusion : *le sang qui coule contre sa propre gravité n'arrive au cœur que pendant l'inspiration.* Il en déduisit toute une théorie de la circulation veineuse qui fut acceptée par Bérard et par beaucoup d'autres physiologistes. Cette théorie n'a jamais été contestée quoique le fait par lui-même, c'est-à-dire l'arrêt ou le reflux du sang, n'ait pas été démontré directement.

Pour Barry et Bérard, il faut que la quantité de sang appelée dans le système veineux thoracique à chaque inspiration suffise pour alimenter le débit du cœur pendant cette inspiration et pendant l'expiration suivante. Pendant le second temps de la respiration, le sang arrivant continuellement des capillaires s'accumule dans les veines voisines du thorax et il constitue la masse qui va fournir à l'appel de l'aspiration thoracique à la prochaine inspiration. Or, les tracés rectilignes que fournit la pression dans la veine jugulaire lorsque la respiration est calme, ne permettent guère d'accepter sans réserve un pareil mécanisme et nous croyons que l'expérience suivante que nous avons répétée plusieurs fois avec les mêmes résultats suffit pour infirmer le fait même sur lequel il s'est fondé, c'est-à-dire l'interruption du cours du sang pendant l'expiration.

Expérience (1) :

Le 5 mai 1873, un chien de taille moyenne est couché sur le dos et fixé dans cette position sur la table d'opérations.

(1) Expérience faite dans le laboratoire de M. P. Bert avec la collaboration de M. Jolyet, préparateur à la Faculté des Sciences.

Injection sous-cutanée de 10 centigrammes de morphine en solution.

On met à nu la veine jugulaire gauche près de l'angle de la mâchoire où elle se bifurque en deux branches. La branche interne est dénudée, liée vers son bout périphérique et ouverte de manière à y introduire une sonde métallique qu'on fait pénétrer jusqu'à la partie moyenne du tronc même de la jugulaire. Cette dernière est en outre mise à nu à sa partie inférieure le plus près possible de la poitrine et la sonde mise en communication avec un appareil enregistreur.

En mettant l'appareil en mouvement, on obtient la courbe A B (fig. 1) qui représente les variations de la pression du sang dans la jugulaire.

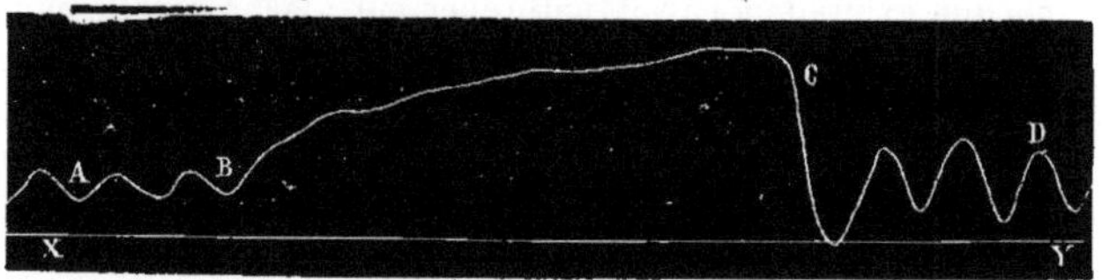

Fig. 1.

Si l'on serre alors entre les mors d'une pince le tronc de la jugulaire à la base du cou, on obtient en B C une élévation graduelle de la courbe qui redescend rapidement aussitôt qu'on cesse la compression.

On comprime enfin la veine pendant l'expiration seulement et on voit que les oscillations C D inscrites dans ces conditions sont plus marquées qu'elles ne l'étaient en A B lorsque le cours du sang était libre.

Le tracé n° 1 a été pris lorsque le chien était encore incomplètement endormi, un peu agité et sa respiration s'accompagnait d'un effort abdominal à l'expiration.

Lorsque l'animal est profondément endormi et qu'il respire tranquillement, on reprend un second tracé qui donne la ligne A B (fig. 2) où les oscillations respiratoires sont à peine marquées.

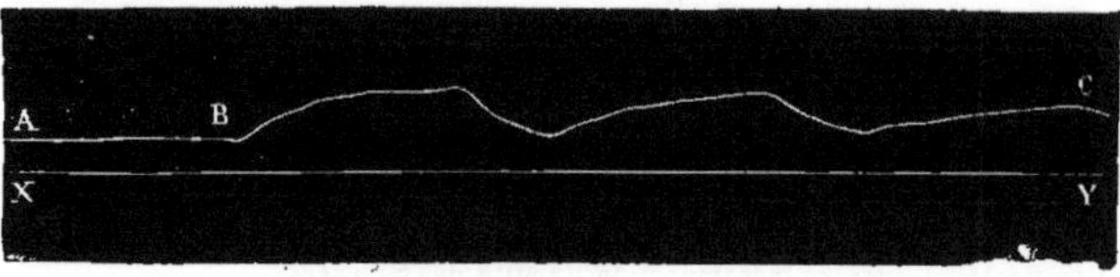

Fig. 2.

A partir de B jusqu'à C, on comprime la veine jugulaireà la base du cou pendant la durée de chaque expiration et chacune de ces compressions se trouve indiquée par une élévation progressive de la courbe qui s'abaisse brusquement au moment où cesse la pression.

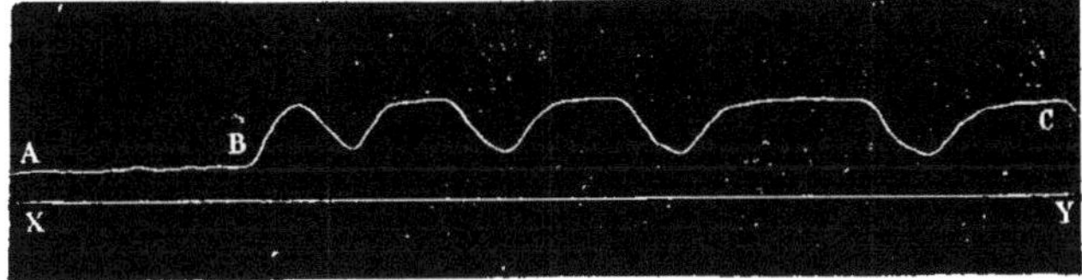

Fig. 3. Tracé pris dans les mêmes conditions que celui de la figure 2.

En faisant persister l'obstacle plus longtemps, la courbe poursuit sa marche ascendante, mais moins rapidement que dans le tracé n° 1.

Ainsi, lorsque le sang est arrêté dans la veine jugulaire par un obstacle artificiel placé à sa partie inférieure, il s'accumule graduellement dans la veine au-dessus de cet obstacle, ce qu'on peut constater et par l'augmentation de la pression et par la turgescence de la veine. Si, à l'état normal et dans les conditions habituelles de la respiration, on n'observe pas l'un et l'autre de ces phénomènes, c'est qu'il n'existe pas d'obstacle naturel à l'écoulement du sang et que son cours n'est pas interrompu pendant l'expiration.

Quant aux oscillations respiratoires que donne le tracé n° 1, c'est à certaines conditions de la respiration qu'on doit les attribuer. Nous avons eu soin d'indiquer que l'expiration s'accompagnait alors d'un effort abdominal; dans ces conditions le sang continu dans le système veineux abdominal est chassé dans la poitrine à chaque effort, c'est-à-dire à chaque expiration, en raison de la compression exercée sur lui par les muscles de l'abdomen et il arrive d'autant plus brusquement dans le système veineux thoracique que l'effort est plus considérable. Il produit alors dans les veines du thorax une pression subite qui force le sang de la veine jugulaire à s'accumuler dans cette veine jusqu'à ce qu'il ait acquis une pression supérieure à celle des veines du thorax.

Mais dans ce cas encore, un obstacle placé sur la veine jugulaire de manière à y arrêter le cours du sang pendant l'expiration seulement, détermine des élévations plus marquées de la courbe ce qui montre que l'abord du sang n'y était pas complétement interrompu mais seulement ralenti. Un effort abdominal très-considérable est nécessaire pour produire cette interruption. Les variations de la pression et de la vitesse du sang suivant les modes respiratoires ont été démontrées de la façon la plus nette par M. Marey qui a pu ainsi donner l'explication de certains résultats contradictoires obtenus par différents observateurs.

Nous croyons maintenant suffisamment établi que dans les conditions habituelles de la respiration, le sang veineux s'écoule dans le thorax d'une façon continue; que cependant sa vitesse est accélérée pendant l'inspiration, ralentie pendant l'expiration; et que l'interruption de son cours n'a lieu que sous l'influence de causes passagères qui, comme nous le verrons bientôt, ne sont que les diverses variétés d'efforts abdominaux et thoraciques.

§ 3. Arrêt de la circulation veineuse.

Si à l'exemple de Weber, après une grande inspiration, on comprime fortement l'air contenu dans les poumons au moyen de l'occlusion de la glotte et d'un grand effort expiratoire, on peut produire l'arrêt complet de la circulation veineuse et par là l'arrêt du cœur. Weber a montré qu'il pouvait ainsi interrompre à volonté pour un moment les battements de son cœur et ses pulsations artérielles.

Lorsque la poitrine est ainsi resserrée, dit Weber, l'air contenu dans les poumons ne pouvant sortir puisque la glotte est fermée se trouve comprimé et réagit par son élasticité sur les organes renfermés dans la poitrine ; non-seulement sur les poumons, mais aussi sur le cœur et les gros vaisseaux.

D'un autre côté, le sang qui revient au cœur par les grosses veines et qui est entraîné dans ces vaisseaux par la pression qu'il exerce sur leurs parois, doit être ralenti lorsque ces parois sont comprimées par une pression extérieure comme celle de l'air contenu dans la poitrine; et lorsque la pression extérieure devient assez forte pour faire équilibre à la pression de dedans en dehors, le sang ne peut plus arriver dans le thorax. Aussitôt que la petite quantité de sang qui se trouve dans les grandes veines thoraciques, dans le cœur et dans le système circulatoire pulmonaire est passée dans l'aorte, le cœur n'a plus rien à chasser; le pouls persiste jusqu'à ce moment après lequel les battements du cœur et le pouls disparaissent.

Dès qu'on cesse la compression, le sang qui s'est accumulé dans le système veineux se précipite dans le thorax et les battements du cœur reparaissent instantanément.

Nous voyons que cette curieuse expérience de Weber peut très-bien se concilier avec ce que nous avons dit de l'aspiration thoracique.

Lorsqu'un effort expiratoire thoracique comprime l'air du poumon et augmente ainsi sa pression, cette pression lutte contre l'élasticité pulmonaire, la diminue et peut même lui faire équilibre ; l'abord du sang dans le thorax se trouve ainsi gêné ; mais si la pression de l'air intérieur est encore plus forte et arrive à aplatir et à comprimer les parois veineuses du médiastin, le sang ne peut plus y pénétrer et le pouls s'arrête un instant après. Donders a montré que lorsque l'effort expiratoire thoracique s'accompagnait d'un effort abdominal, le pouls persistait un peu plus longtemps parce que le sang contenu dans la veine cave inférieure était poussé dans le thorax et augmentait d'autant la quantité de fluide que le cœur trouvait encore à chasser après l'arrêt de la circulation veineuse.

La compression de l'air dans la poitrine se présente dans un certain nombre de circonstances : Vomissements, toux, éternuement, défécation, accouchement, et dans tous ces cas on voit se produire, du côté du système veineux, des phénomènes qui indiquent la gène du cours du sang. Tels sont la congestion de la tête, le gonflement des jugulaires, la diminution et même la cessation du pouls.

Cette condition se présente et se répète fréquemment chez les animaux plongeurs pour empêcher l'eau de pénétrer dans leurs voies aériennes ; Cuvier a noté chez ces animaux une dilatation énorme des veines voisines du thorax et principalement des veines sus-hépatiques. Dans certaines affections du cœur et des poumons où l'on constate des dispositions analogues du système vasculaire qui indiquent la difficulté de l'abord du sang dans le thorax, la perte de l'élasticité pulmonaire et l'abolition de l'aspiration thoracique jouent probablement un rôle important et encore mal défini.

L'élasticité pulmonaire et l'aspiration thoracique, sans être des conditions indispensables au cours du sang sont néanmoins nécessaires au jeu régulier de la circulation veineuse.

Sans aucun doute, la circulation veineuse peut s'effectuer sans le secours de l'aspiration thoracique, comme l'ont démontré Poiseuille et Magendie et comme on peut le constater chez les animaux curarés auxquels on pratique la respiration artificielle ; mais ces expériences ne durent qu'un temps limité, et encore trouve-t-on à leur suite, des signes évidents de congestion et de stase sanguine, surtout du côté du système de la veine porte. Si l'on forçait la circulation à s'effectuer dans ces conditions d'une manière continue et prolongée comme celà arrive dans certaines lésions pulmonaires ou cardiaques, nous ne doutons pas qu'on arrivât à produire les troubles fonctionnels et les lésions secondaires que l'étude clinique et anatomique a démontrés dans les affections circulatoires et dulmonaires.

§ 4. Influence des conditions respiratoires sur le cœur.

L'aspiration thoracique n'agit pas seulement sur le sang des veines ; son influence se fait aussi sentir sur le cœur et sur les artères situées dans le thorax. Il est important de déterminer son action sur ces deux parties de l'appareil circulatoire pour bien établir que cette action est due également à la dilatation mécanique du médiastin. Cette étude nous permettra aussi de voir comment le sang veineux pénètre dans le cœur et quelle part il faut attribuer dans ce fait à l'action aspirante de la poitrine.

Parmi les expériences que Barry a faites pour rechercher l'aspiration thoracique, l'une des plus intéressantes est celle où, appliquant son appareil au péricarde du cheval, il vit le liquide monter d'une façon continue dans cette cavité, avec une accélération marquée à chaque inspiration.

Nous avons déjà vu que Barry n'en avait pas conclu à la continuité de l'aspiration thoracique ; cependant, dans un second mémoire, il tient compte de ces faits et il admet comme point de départ, que c'est dans un vide relatif que le cœur exécute ses fonctions. Il montre alors qu'il faut étudier les opérations de cet organe, sans détruire le vide dans lequel il est placé. Les observateurs avant lui, ne s'apercevaient pas de l'altération qu'ils lui faisaient subir en détruisant le vide, effet inévitable de l'ouverture du thorax et de l'exposition du cœur à l'atmosphère. Il cherche à éviter cette cause d'erreur en introduisant sa main dans la poitrine du cheval par l'intermédiaire de l'abdomen et à travers le diaphragme ; sa main va de cette manière toucher le cœur, l'aorte, et lui fournit une description saisissante du jeu de ces organes perçus ainsi dans toute leur énergie et dans toute leur activité. Cependant il apporte peu d'éléments utiles à la solution de la question, mais il nous suffit d'y puiser cet enseignement important *qu'il ne faut pas ouvrir le thorax quand on veut étudier l'influence des mouvements respiratoires sur la circulation.*

MM. Chauveau et Marey ont tenu compte de cette remarque de Barry dans leurs recherches sur les pressions dans les cavités du cœur et ont surmonté avec bonheur la difficulté d'atteindre le cœur sans ouvrir le thorax, en faisant pénétrer leurs appareils par la veine jugulaire ou par l'artère carotide, suivant qu'ils voulaient arriver dans le cœur droit ou dans le cœur gauche. Parmi les résultats si précis qu'ils ont obtenus, nous devons citer les suivants :

L'oreillette droite présente des minima de pression très-variables entre — 2^{mm} et — 33^{mm}. Le chiffre ordinaire est — 7^{mm} à — 15^{mm}.

L'abaissement de la pression dans l'oreillette est toujours proportionnel à l'intensité de l'aspiration thoracique mesurée par le procédé de Donders.

Le ventricule droit présente constamment une pression supérieure de 10^{mm} à celle de l'oreillette ; sa pression minima varie entre — 16^{mm} et + 20^{mm}.

M. Marey, dans sa *Physiologie de la circulation*, attribue la différence entre la pression de l'oreillette et celle du ventricule à la différence de hauteur de la colonne sanguine qui pèse à l'intérieur des deux cavités ; nous serions tentés d'en rechercher plutôt la cause dans la différence d'épaisseur et de résistance de leurs parois.

Les parois de l'oreillette sont minces et se laissent dilater sans effort par la pression négative extérieure ; les parois du ventricule, au contraire, plus épaisses et plus élastiques résistent plus à cette même pression négative. De cette façon une partie de la force se trouve employée à produire la dilatation des parois du ventricule et le reste seulement peut agir sur la membrane du cardiographe.

La pression du sang contenu dans les troncs veineux thoraciques et dans l'oreillette étant insuffisante dans les conditions normales pour produire la diastole du ventricule et celui-ci commençant cependant à se remplir avant la contraction de l'oreillette, quel est donc le mécanisme de sa dilatation ? Longtemps on avait attribué ce résultat soit à son élasticité propre, soit à une dilatation active de ses parois ; mais c'est certainement à la pression négative qui entoure le cœur qu'on doit en rapporter la plus grande part.

Nous pouvons conclure des travaux de Barry, de Donders et surtout des belles expériences de Chauveau et Marey :

1° Que le cœur situé dans un milieu raréfié est sollicité continuellement à se dilater.

2° Que cet effet augmente chaque fois que l'inspiration, dilatant le poumon, augmente la force élastique de cet organe.

3° Enfin que l'aspiration thoracique appelle le sang veineux non seulement dans les troncs veineux thoraciques mais jusque dans les cavités du cœur droit.

§ 5. Influence des conditions respiratoires sur la circulation artérielle.

Les variations de la tension artérielle sous l'influence des mouvements respiratoires ont été pour la première fois constatées par Poiseuille lorsqu'il eut découvert son hémodynamomètre ; mais suivant à l'œil les oscillations du mercure il ne pouvait les mesurer que d'une manière forcément imparfaite, ce n'est qu'après les perfectionnements successifs qu'on apporta à l'instrument de Poiseuille que les phénomènes purent être observés exactement. En 1847, Ludwig trouva le plus important de ces perfectionnements en adaptant à l'hémodynamomètre un appareil enregistreur indiquant d'une façon continue les variations de la pression. C'est à partir du kymographion de Ludwig que les oscillations respiratoires de la tension artérielle furent véritablement étudiées. Dans les tracés obtenus par les appareils enregistreurs, on remarque deux courbes différentes par leur fréquence et par leur amplitude ; les contractions du cœur se traduisent par une série de petites courbes faibles et fréquentes et leur ligne d'ensemble est déplacée suivant des oscillations plus considérables ; ces dernières correspondent aux mouvements respiratoires.

Chaque inspiration amène dans les parois élastiques de l'aorte une dilatation qui atteint son maximum à la fin de la période inspiratoire ; c'est à ce moment qu'a lieu l'abaissement de la courbe qui se relève au contraire pendant le temps de l'expiration.

Les oscillations de la courbe sont d'autant plus marquées que la respiration est plus ample, qu'elle est plus rapide et elle disparait aussitôt qu'on ouvre le thorax ou qu'on arrête la respiration.

Marey a démontré au moyen des tracés sphygmographiques que l'influence de la respiration sur la tension artérielle pouvait se faire sentir jusque dans l'artère radiale.

Les oscillations de la courbe artérielle peuvent mieux que toutes les autres nous donner une idée de la puissance avec laquelle l'élasticité pulmonaire agit dans la dilatation des organes du médiastin.

Dans les tracés de la pression dans l'artère carotide, par exemple, tandis que la contraction du cœur n'ajoute à la tension moyenne qu'une élévation de 2 à 3mm ; les variations de la pression due à la respiration atteignent 8, 10 mm et même 20 mm suivant l'ampleur et la fréquence de la respiration.

§ C. Les oscillations respiratoires de la pression du sang sont un résultat purement mécanique.

Brown-Séquard avait cherché à démontrer que pendant l'inspiration il part du centre nerveux cérébro-spinal une excitation qui passant par le nerf vague se porte au cœur et diminue la force et la vitesse de ses mouvements. Il avait été conduit à cette théorie par la diminution et le ralentissement des mouvements du cœur qu'il avait observés à chaque effort inspiratoire chez des chiens et des chats nouveau-nés dont le thorax avait été ouvert et chez lesquels on ne pouvait par conséquent attribuer les résultats obtenus à l'intervention des causes mécaniques ; mais il ne rejetait pas l'influence de ces dernières. D'ailleurs bien souvent dans ses expériences il avait trouvé des résultats contradictoires ; le cœur battait plus vite pendant l'inspiration ; et malgré l'explication qu'il donne de ces faits qu'il attribue à l'irritabilité extrême du cœur et à la secousse que lui imprime l'effort inspiratoire nous ne pouvons accorder à l'action du système nerveux qu'un effet négligeable à côté des résultats précis, constants que produit l'action mécanique de la poitrine.

Nous trouvons dans la *Revue des sciences médicales* de M. Hayem l'analyse d'un travail de M. Schiff dans lequel ce physiologiste nie complètement l'intervention des forces mécaniques de la poitrine dans les oscillations respiratoires de la pression artérielle.

Son principal argument est fondé sur les phénomènes qu'on observe pendant la respiration artificielle.

Dans la respiration artificielle, les conditions de la pression intrathoracique sont totalement interverties : tandis que dans la respiration normale la pression diminue pendant l'inspiration, elle augmente dans la respiration artificielle et *vice versa* lors de l'expiration. A priori on pourrait donc s'attendre à une influence notable de ce mode de respiration sur la circulation. Or, d'après Schiff, les oscillations que l'on constate dans la tension artérielle sont les mêmes pendant la respiration artificielle et pendant la respiration normale ; mais nous allons voir que cette affirmation repose sur un fait variable et qu'on peut autrement interpréter.

Pendant la respiration normale, on peut trouver soit un abaissement soit une élévation de la courbe à l'inspiration ; c'est ce qui ressort de l'opinion des physiologistes, dont les uns ont observé le premier, les autres le second de ces phénomènes. M. Marey a concilié cette apparente contradiction en montrant que le sang de l'aorte n'obéit pas seulement à l'influence mécanique de thorax, mais qu'il est soumis aussi à celle de l'abdomen, qui agit en sens inverse de la poitrine. L'abaissement de la pression à l'inspiration est dûe à l'influence de la poitrine, et il se produit lorsque celle-ci prédomine sur l'influence de l'abdomen ; l'élévation de pression à l'inspiration est dûe à l'influence de l'abdomen et se produit quand celle-ci devient prépondérante.

Les résultats que nous avons obtenus en étudiant la pression dans l'artère carotide nous ont paru toujours coïncider avec cette loi de Marey.

Pendant la respiration artificielle, où les conditions mécaniques agissent toujours dans le même sens, l'élévation de la pression artérielle a toujours lieu pendant l'inspiration qui amène la compression de l'aorte thoracique.

Lorsqu'on arrête la respiration, les oscillations respiratoires de la circulation disparaissent ; lorsqu'on la rétablit, elles renaissent. Enfin plus la respiration a d'ampleur, plus ces oscillations sont marquées.

Ainsi l'abaissement de la courbe circulatoire coïncide non pas avec l'inspiration, avec l'oxygénation du sang comme le veut Schiff; il est toujours parallèle à la diminution de la pression intra-thoracique qui a lieu souvent pendant l'inspiration dans la respiration normale et toujours pendant l'expiration dans la respiration artificielle.

Des résultats constants s'obtiennent dans les veines thoraciques, où l'influence thoracique prédomine toujours.

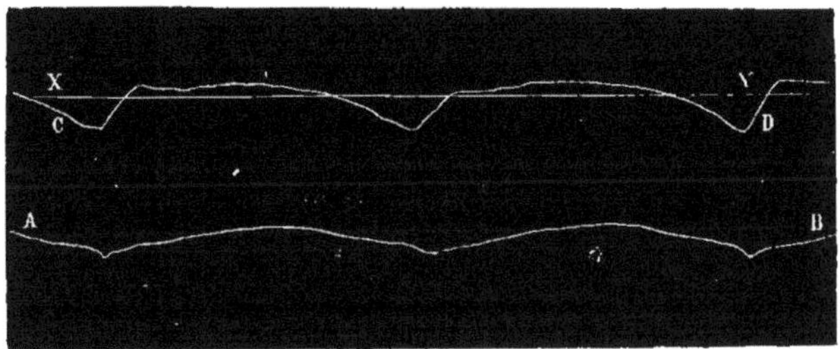

Fig. 4.

La figure 4 représente le tracé simultané de la respiration normale et de la pression veineuse thoracique chez un chien qui respire lentement et sans efforts inspiratoire ni expiratoire; les deux courbes coïncident dans leurs oscillations.

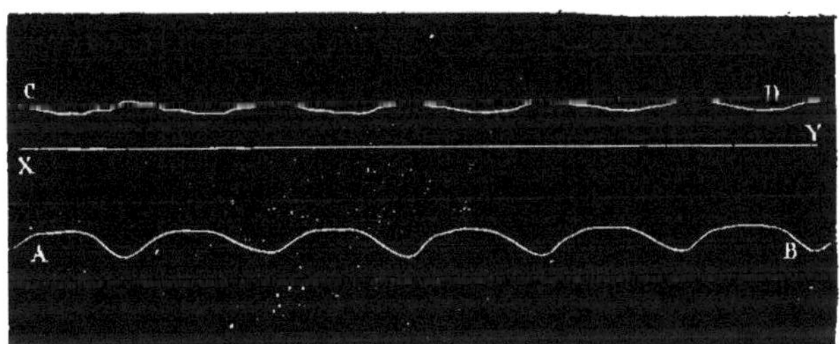

Fig. 5.

La figure 5 représente un tracé analogue chez un chien curaré auquel on pratique la respiration artificielle : les deux courbes sont intervertics.

Aussi nous croyons pouvoir repousser cette conclusion de Schiff: *que les variations de tension vasculaire que l'on constate dans les deux phases de la respiration normale ne sont pas dues à une cause mécanique mais tiennent à une cause centrale, nerveuse.*

Conclusions. — L'aspiration thoracique par la dilatation du cœur droit et des troncs veineux thoraciques entretient dans ce système et dans les vaisseaux incompressibles qui communiquent avec lui une pression constamment plus basse que celle qui existe dans les veines afférentes. Cette pression peut descendre au-dessous de la pression atmosphérique et favoriser d'autant plus la circulation du sang veineux.

Le sang est attiré continuellement de la périphérie dans les veines thoraciques et jusque dans le cœur droit d'où il est chassé à mesure dans l'artère pulmonaire par la contraction du ventricule. Cet appel continuel de sang diminue la pression dans tout le système veineux et y étend ainsi indirectement l'action de l'aspiration thoracique.

L'appel du sang étant plus fort pendant l'inspiration que pendant l'expiration, il y a accélération pendant le premier temps, ralentissement pendant le second temps de la respiration. Ces deux phénomènes se propagent aussi plus ou moins loin dans le système veineux et y étendent ainsi d'une manière indirecte l'influence des mouvements respiratoires.

Le sang qui arrive dans le système veineux thoracique détruit la pression négative ou le vide que tendent à y déterminer la dilatation du médiastin et la soustraction de sang qu'y opère chaque systole de ventricule. La pression va donc en s'abaissant peu à peu depuis l'embouchure des veines par lesquelles arrive le sang jusqu'à l'oreillette où il est enlevé du système veineux pour passer dans l'artère pulmonaire. C'est près du cœur que la pression négative se maintient avec le plus d'avantage.

L'influence de l'aspiration thoracique sur le cœur peut s'envisager ainsi :

La pression négative qui entoure le cœur dilate le ventricule; plus elle est forte, plus la dilatation du ventricule est considérable, plus aussi est grande la quantité de sang que le cœur trouve à chasser à chaque contraction.

On pourrait croire que le cœur exécute dans ces conditions un travail mécanique plus considérable ce qui, d'après la loi de Marey, diminuerait la fréquence de ses contractions. Mais si l'on considère que la même pression négative qui agit sur le cœur s'exerce aussi autour de l'artère pulmonaire et doit y amener comme dans l'aorte un abaissement de pression proportionnel, on verra que l'obstacle qui existe au-devant de l'ondée sanguine sera d'autant moindre et que le résultat définitif sera une sorte de compensation qui ramènera à une quantité constante le travail mécanique exécuté à chaque contraction.

Nous pouvons donc conclure que l'aspiration thoracique favorise le cours du sang à travers le cœur, en augmentant la quantité de fluide qui le traverse en un temps donné.

Mais elle n'agit pas sur la fréquence des contractions, comme le démontrent d'ailleurs les résultats contradictoires des physiologistes qui ont cherché soit dans l'inspiration soit dans l'expiration une cause de fréquence du pouls et des battements du cœur.

Nous résumerons ainsi l'action de l'aspiration thoracique :

L'aspiration thoracique sans être indispensable à la circulation, joue à titre de cause accessoire un rôle important dans la progression du sang. Dans le système veineux, elle abaisse la pression du sang qu'elle empêche de s'accumuler dans les veines ; dans le thorax, elle appelle le sang veineux et accélère son cours ; enfin dans le cœur elle concourt à la dilatation du ventricule et augmente la vitesse générale de la circulation.

CHAPITRE III

Conditions générales de la circulation veineuse dans l'abdomen.

§ 1. Pression intra-abdominale.

Comme le thorax, l'abdomen exerce une influence sur les phénomènes mécaniques de la circulation; mais cette influence est tout autre que celle que nous avons constatée dans la poitrine.

Lorsqu'on envisage dans son ensemble l'action des pièces osseuses et des puissances musculaires qui s'exerce dans chacune de ces deux cavités, il est facile de se convaincre que celles-ci sont destinées à produire des effets mécaniques différents et presque complètement opposés.

La présence de la cage thoracique formée d'arcs osseux destinés à la rendre incompressible, le jeu des principales masses musculaires qui l'entourent et qui sont disposées pour l'appel de l'air font de la poitrine un appareil d'aspiration qui, nous l'avons vu, se trouve utilisé accessoirement pour produire l'appel du sang veineux.

L'absence de rigidité des parois abdominales, la ceinture ou plutôt l'enveloppe musculaire qu'elles constituent et dont le jeu amène le rétrécissement de cette cavité font au contraire de l'abdomen un appareil de compression, d'expulsion qui tend à chasser le sang veineux contenu dans ses vaisseaux.

Les muscles de l'abdomen entrent en jeu dans deux circonstances principales : dans l'inspiration et dans les efforts.

Lorsque le diaphragme se contracte pour produire l'inspiration, il s'abaisse, perd sa forme voutée pour devenir plan et agrandit la poitrine dans son diamètre vertical. Mais cette dilatation ne peut se faire qu'aux dépens de l'abdomen et le diaphragme en s'abaissant comprime les viscères abdominaux contre les parois latérale et inférieure de la cavité. A chaque inspiration il y a donc augmentation de la pression générale de l'abdomen.

Pendant l'expiration le diaphragme cesse de comprimer les

viscères abdominaux ; ceux-ci tendent à reprendre leur volume primitif et repoussent en haut ce muscle en même temps que le retrait élastique du tissu pulmonaire exerce sur lui du côté de la poitrine une traction qui agit dans le même sens.

La compression des viscères abdominaux augmente par conséquent pendant l'inspiration et diminue pendant l'expiration. Magendie avait trouvé une élévation dans le manomètre pendant l'expiration et pour lui à chacun des temps de la respiration se produisait une augmentation de la pression ; mais l'élévation de la pression à l'expiration est due à un effort abdominal qui disparaît dans la respiration normale.

M. Paul Bert qui a enregistré les variations de la pression intra-abdominale au moyen de l'appareil spécial qu'il a décrit dans sa *Physiologie de la respiration* trouve dans le plus grand nombre des cas une courbe simplement constituée par une élévation qui correspond à l'inspiration et par un abaissement qui correspond à l'expiration. Ces oscillations sont dûes aux seuls mouvements respiratoires, à l'exclusion de tout effort et ne peuvent guère s'obtenir que pendant le sommeil de l'animal ; lorsque celui-ci est éveillé ou sort du sommeil, les tracés sont plus compliqués, mais dans la plupart d'entre eux, des oscillations identiques entre elles se reproduisent encore à chaque phase respiratoire. Lorsqu'on examine de près un de ces tracés, on y trouve des portions de courbe purement respiratoires qu'on pourrait facilement compléter de manière à imiter les tracés simples obtenus pendant le sommeil ; ces portions de courbe sont séparées entre elles par une double oscillation plus ou moins étendue qui commence par une élévation brusque et qu'il est facile de rapporter à un effort abdominal qui se répète d'une manière identique à chaque respiration et vient pour ainsi dire couper le tracé de variations respiratoires. Quelquefois le tracé est interverti, l'élévation de la courbe correspond à l'expiration ; c'est qu'alors l'expiration s'accompagne d'un effort abdominal, et souvent encore au commencement ou à la fin de cet effort, on peut constater de courtes traces des oscillations purement respiratoires.

Il peut enfin se produire des efforts tout à fait indépendants des phases de la respiration : leur durée et leur intensité présentent alors les variations les plus irrégulières.

§ 2. **Influence des pressions intra-abdominales sur la circulation.**

Le sang contenu dans les vaisseaux de l'abdomen subit comme les viscères abdominaux l'influence des parois ; sa pression augmente pendant l'inspiration, diminue pendant l'expiration. Les mouvements respiratoires ont donc sur la pression du sang une action opposée suivant qu'on envisage la portion sus-diaphragmatique et la portion sous-diaphragmatique de l'appareil circulatoire. Lorsque les mouvements du diaphragme sont suffisamment amples et énergiques, on trouve en effet dans les vaisseaux de la partie supérieure du tronc de la tête et des membres supérieurs une diminution de pression à l'inspiration et une augmentation de pression à l'expiration ; l'inverse a lieu pour les vaisseaux des membres inférieurs et de la moitié inférieure du tronc ; l'inspiration élève leur pression, l'expiration l'abaisse.

Mais lorsqu'on sort des conditions physiologiques, cette règle peut être modifiée si l'on augmente les influences thoraciques seules ou bien les influences abdominales, de manière à faire prédominer l'une de ces actions sur l'autre. M. Marey qui a déterminé ces diverses conditions à l'aide du sphygmographe appliqué à l'artère radiale a démontré que toute gêne au passage de l'air à travers les voies respiratoires en augmentant les influences thoraciques produisait l'ascension de la ligne d'ensemble du tracé pendant l'expiration, sa descente pendant l'inspiration. Toute gêne à l'ampliation de l'abdomen produit l'effet inverse ; l'ascension de la ligne d'ensemble au moment de l'inspiration, sa descente pendant l'expiration.

Dans les efforts abdominaux apparaît cette prédominance de l'influence abdominale d'autant plus marquée que l'effort est plus considérable.

Si nous examinons maintenant le cours du sang, nous voyons que le sang contenu dans les veines abdominales, comprimé à chaque inspiration, tend à s'échapper hors de l'abdomen ; or il trouve une issue très-favorable du côté de la poitrine dans laquelle au même moment l'aspiration thoracique agit avec le plus d'énergie. Les deux influences de la cavité thoracique et de la cavité abdominale concourent donc dans ce cas au même but ; elles favorisent le cours du sang veineux et son passage de l'abdomen dans la poitrine. Pendant l'expiration la pression abdominale diminue, la pression thoracique augmente, le cours du sang veineux est donc ralenti.

Le cours du sang dans l'aorte se faisant en sens inverse du cours du sang veineux, subit un effet contraire ; il est ralenti pendant l'inspiration, accéléré pendant l'expiration.

Telles sont les conditions générales auxquelles par leur situation se trouvent soumises la veine-porte et ses branches ; on voit que ces conditions ne sont pas spéciales à la cavité abdominale ; la compression des canaux veineux soit par l'élasticité de la peau soit par la tonicité et les contractions musculaires est pour tout le système veineux un puissant adjuvant de la circulation ; et une des rares exceptions à cette règle est constituée par la disposition du système veineux thoracique.

Une expérience de M. Oré que M. Gréhant avec son obligeance habituelle a bien voulu nous montrer rend bien compte de l'importance de cette compression continuelle de la veine-porte par les parois abdominales. Lorsqu'on ouvre l'abdomen et qu'on lie le tronc de la veine-porte, le sang continue à pénétrer dans les ramifications abdominales de cette veine et celles-ci peuvent atteindre une telle distension que la plus grande partie du sang contenu dans l'animal vient s'y accumuler et que celui-ci ne tarde pas à mourir comme s'il avait été tué par hémorrhagie.

DEUXIÈME PARTIE

Expériences sur la pression et la vitesse du sang dans le système veineux du foie.

CHAPITRE Ier

Pression du sang dans les veines sus-hépatiques

§ 1. Manuel opératoire.

Nous avons vu que la première condition à remplir pour étudier avec exactitude la pression du sang dans le système veineux thoracique était d'éviter d'ouvrir le thorax. La même condition s'applique aux veines sus-hépatiques qui font pour ainsi dire partie du système thoracique et sont soumises aux mêmes influences de la part de la poitrine. Nous avons mis en pratique pour arriver à ce but un procédé analogue à celui que MM. Chauveau et Marey ont employé pour déterminer les phénomènes de la circulation dans les cavités du cœur.

Une sonde métallique introduite par une des veines jugulaires ou par une de leurs branches était poussée dans la veine-cave antérieure puis dans la veine-cave postérieure de manière à pénétrer à travers l'anneau du diaphragme jusque dans l'une des veines sus-hépatiques ou dans le sinus de la veine cave autour duquel ces veines viennent s'ouvrir au niveau du bord supérieur du foie.

Plusieurs fois nous avons constaté que la sonde avait pénétré dans l'un des gros troncs veineux sus-hépatiques et que dans ce cas la pression était la même que lorsque la sonde était seulement arrivée dans la veine-cave postérieure entre le cœur et la limite inférieure du foie. Dans les expériences suivantes, nous nous sommes donc contenté de pénétrer dans la veine-cave postérieure jusqu'au niveau du diaphragme qu'on est assuré d'avoir atteint lorsqu'on sent par l'intermédiaire de la sonde, ses mouvements alternatifs d'abaissement et d'élévation.

Nous avons aussi essayé de pénétrer de la même manière jusqu'au-dessous du foie dans la veine-cave abdominale. Mais ce dernier résultat est très-difficile à atteindre; nous n'y sommes arrivés qu'une seule fois chez le chien vivant et nous avons pu constater au niveau de la limite inférieure du foie un changement brusque dans la pression qui montre que c'est là que se trouve la limite, qui, au point de vue des conditions de la circulation veineuse, sépare la cavité thoracique de la cavité abdominale. Lorsqu'on a traversé l'anneau du diaphragme, le bec de la sonde va arcbouter presque infailliblement dans l'une des veines sus-hépatiques.

La sonde métallique qui nous servait à pénétrer dans le thorax longue de 50 cent. avait 3 mm. de diamètre. Son petit volume était destiné à gêner le moins possible le cours du sang et à pouvoir permettre son introduction par des veines de petit calibre.

L'extrémité qui devait pénétrer dans les vaisseaux était arrondie et percée d'un orifice central de même diamètre que son calibre intérieur ; de plus elle portait deux yeux latéraux semblables à ceux des sondes ordinaires. Ces trois orifices devaient se suppléer réciproquement si par la position de la sonde l'un d'eux se trouvait appliqué contre une des parois du vaisseau et ne pouvait plus transmettre la pression du sang. Son extrémité extérieure légèrement évasée pouvait recevoir à frottement un ajutage conique qui, au moyen d'un tube en caoutchouc épais, la mettait en communication avec l'appareil enregistreur. En établissant la communication entre toutes les pièces de l'appareil et en mettant le cylindre en mouvement nous obtenions le tracé de la variation de la pression veineuse ; il nous restait à déterminer la valeur absolue de cette pression, c'est-à-dire établir la pression O. Or, pour cela, l'ajutage était retiré de la sonde, mis en communication avec l'air et placé à une hauteur telle qu'il se trouvât sur le même plan horizontal que la veine en expérience. La longueur connue de la sonde permettait d'arriver facilement à ce résultat. Le cylindre était de nouveau mis en mouvement et inscrivait un tracé rectiligne qui venant se placer au-dessus, au niveau, ou au-dessous du tracé veineux constituait sa ligne de O.

Au-dessous du tracé de la pression veineuse, nous prenions toujours le tracé simultané de la respiration.

Ce dernier était obtenu au moyen du pneumographe à ceinture de Marey, qui allait transmettre à un polygraphe les variations de la dilatation costale de la poitrine. L'aiguille du polygraphe et celle du manomètre de Ludwig étaient disposées de manière à coïncider par leur extrémité sur une ligne parallèle à l'axe du cylindre enregistreur afin que les deux tracés inscrits l'un au-dessous de l'autre se correspondent exactement dans chacun de leurs points isochrones.

C'est sur le chien que nous avons pratiqué toutes nos expériences. L'animal était couché sur le dos et fixé dans cette position sur une gouttière ou sur la table d'opérations. Suivant qu'on voulait abolir ou produire telle ou telle condition, le chien était tenu éveillé, endormi au moyen de la morphine, paralysé par le curare ou enfin muni d'une muselière qui permettait d'apporter diverses modifications dans les mouvements respiratoires.

§ 2. Pression dans les veines sus-hépatiques avec la respiration normale.

Il est difficile d'obtenir sur le chien éveillé les variations de la pression veineuse exclusivement dûes aux mouvements respiratoires. La gêne qui provient de la position de l'animal et de la présence de la sonde dans le thorax, la douleur produite par l'incision changent le rhythme de la respiration en provoquant des efforts thoraciques ou abdominaux qui masquent presque constamment les conditions purement respiratoires; on ne peut guère dans ces conditions obtenir que des lambeaux de tracés inscrits dans les courts instants d'un calme complet. Le tracé C D inscrit dans la figure 6 a été pris pendant une de ces périodes de calme; la première oscillation est encore dûe à un léger effort expiratoire; mais tout le reste de tracé représente les variations de la pression veineuse avec une respiration tout-à-fait calme et à l'exclusion de tout effort et de toute agitation.

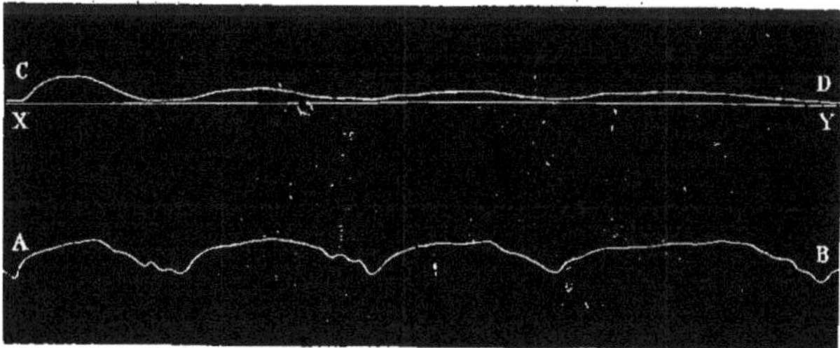

Fig. 6. *Tracé simultané : veines sus-hépatiques et respiration ; animal éveillé mais calme.*

Lorsque l'animal est endormi au moyen d'une injection sous-cutanée de 5 à 10 cent. de morphine, on obtient des tracés qui peuvent se rattacher à deux types dont l'un n'est que la reproduction de la fig. 6, et qu'on peut se représenter par la seconde moitié de la fig. 7. Dans ce tracé la courbe de la pression veineuse reste toujours au-dessus de la ligne de O, c'est-à-dire que la pression, quoique très-petite, reste constamment positive. Dans l'autre tracé type (fig. 7, première moitié), la courbe décrit des oscillations plus considérables et les *minima* descendent au contraire au-dessous de la ligne de O, indiquant ainsi une pression négative intermittente.

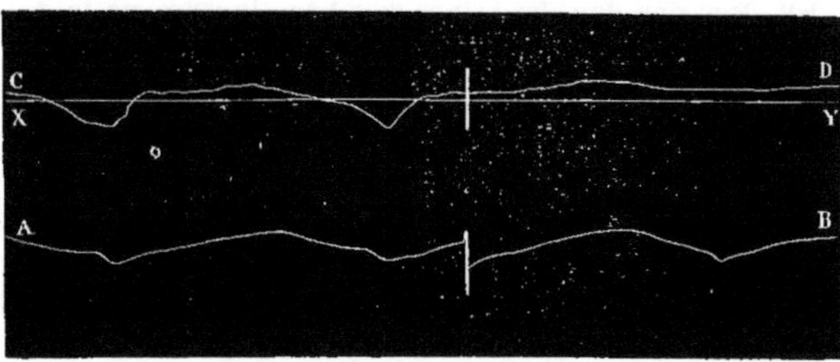

Fig. 7. *Tracé simultané : veines sus-hépatiques et respiration ; animal endormi par la morphine.*

Comme dans tout le système thoracique, la pression normale dans les veines sus-hépatiques est très-petite. Pour la mesurer au moyen des tracés qui sont reproduits ci-dessus, on doit doubler la distance qui sépare chacun des points de la courbe veineuse de sa ligne de O, les tracés ayant été enregistrés au moyen du manomètre à deux branches de Ludwig. Les maxima de la pression ne s'élèvent pas au-dessus de 3 à 4^{mm} de mercure ; les minima varient entre + 1^{mm} et — 7 à — 8^{mm}. Une pression moyenne très-faible est un des caractères les plus importants de la circulation dans les veines sus-hépatiques.

§ 3. Pression dans les veines sus-hépatiques avec des conditions accidentelles.

Dans les tracés obtenus chez des chiens non endormis et plus ou moins agités, les efforts soumettent la pression veineuse à des conditions nouvelles que l'étude des tracés permet assez facilement d'analyser. Dans ces tracés les oscillations sont beaucoup plus étendues et elles le sont d'autant plus, que les mouvements respiratoires sont plus amples et plus rapides. La figure 8 est un exemple des tracés obtenus pendant les périodes d'agitation de l'animal, il a été enregistré sur le chien qui nous a déjà fourni le tracé de la fig. 6.

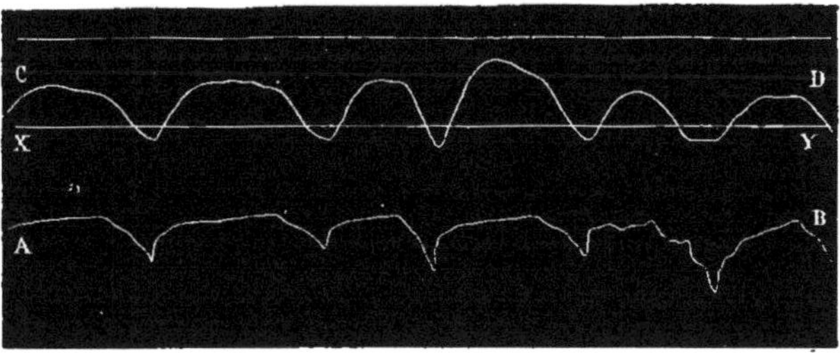

Fig. 8. *Tracé simultané : veines sus-hépatiques et respiration ; animal éveillé; efforts.*

Le tracé veineux C D présente une élévation assez considérable à chaque expiration et en rapport avec les efforts expiratoires. Chaque inspiration s'accompagne d'une descente de la courbe qui marque alors une pression négative de quelques millimètres.

Les variations de la pression acquièrent une amplitude considérable lorsqu'on augmente artificiellement les efforts au moyen d'un obstacle placé à l'entrée des voies respiratoires. Dans ce but, on applique autour du museau de l'animal une muselière en caoutchouc hermétiquement fixée en arrière de la commissure des lèvres et contenant dans sa cavité les narines et la bouche. On adapte à la muselière une canule munie d'une soupape qui se ferme incomplètement dans un sens et s'ouvre largement dans le sens opposé, de sorte que, suivant qu'on fixe la canule par l'une ou par l'autre de ses extrémités, on gêne à volonté l'entrée ou la sortie de l'air, et on produit un obstacle soit à l'inspiration seule, soit exclusivement à l'expiration. Pour produire la gêne aux deux temps de la respiration, il suffit de fermer plus ou moins complètement avec une pince à pression l'orifice de la muselière. On sait depuis les recherches de M. Marey chez l'homme et de M. Paul Bert sur les animaux, que ces obstacles modifient le rhythme respiratoire en allongeant la période de la respiration pendant laquelle ils agissent ; ils modifient aussi d'une manière considérable les variations de la pression veineuse thoracique.

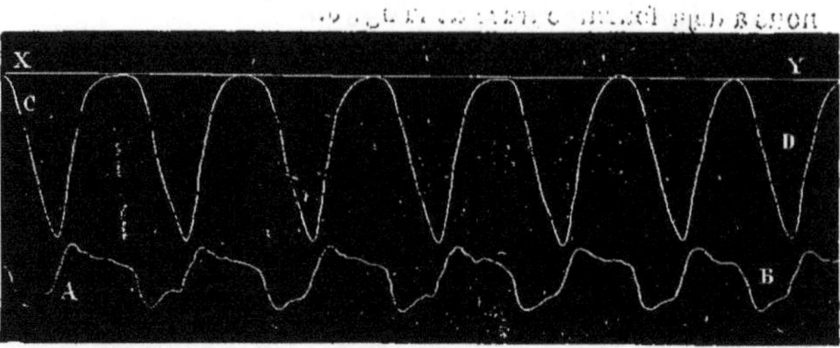

Fig. 9. *Tracé simultané : veines sus-hépatiques et respiration : gêne à l'inspiration.*

Obstacle à l'inspiration. — L'examen de la fig. 9 fait voir quelle pression négative considérable on peut obtenir à chaque inspiration lorsqu'il existe un obstacle à l'entrée de l'air dans la poitrine. Il se fait aussi un abaissement notable de la pression constante; la courbe veineuse C D reste presque constamment au-dessous de XY sa ligne de O. L'abaissement de la courbe veineuse retarde sur l'inspiration ; ce phénomène peut s'expliquer lorsqu'on recherche les variations de la pression à laquelle se trouve soumis l'air contenu dans le poumon à chacun des temps de la respiration. Dans l'expérience dont nous reproduisons le tracé, l'obstacle était très-considérable, l'entrée de l'air ne pouvait se faire qu'en très-petite quantité et avec un grand effort des muscles inspirateurs. Au commencement de l'inspiration l'air contenu dans le poumon est en équilibre avec la pression atmosphérique ou présente une pression un peu supérieure à O ; l'inspiration se fait d'abord lentement et ne modifie pas le tracé veineux, mais bientôt le besoin de respirer provoque un effort inspiratoire énergique, et c'est à ce moment que la courbe veineuse descend à une forte pression négative tant que se maintient cet effort qui dure jusqu'à l'expiration. Au moment de l'expiration, la courbe veineuse remonte brusquement à O et s'y maintient tant que l'air intérieur du poumon n'est pas raréfié par un nouvel effort inspiratoire.

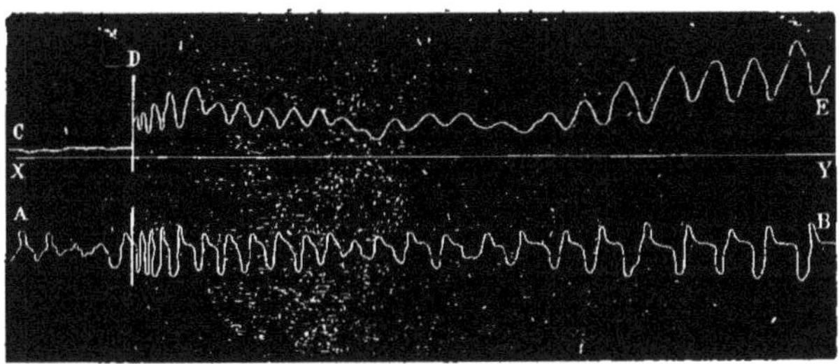

Fig. 10. *Tracé simultané : veines sus-hépatiques et respiration : gêne à l'expiration.*

Obstacle à l'expiration. L'obstacle à la sortie de l'air ou gêne à l'expiration, produit un effet inverse du précédent; l'air ne pouvant sortir que difficilement de la poitrine s'y accumule et acquiert à chaque expiration une forte pression qui détruit l'effet de l'élasticité pulmonaire et comprime le médiastin. On voit dans la fig. 10 le tracé veineux D E indiquer une assez grande oscillation à chaque mouvement respiratoire et de plus s'élever par une ascension graduelle de la courbe, ce qui indique une accumulation de sang dans le système veineux. C D est la courbe de la pression veineuse avec la respiration libre.

Obstacle aux deux temps de la respiration. Dans ces conditions, on obtient un tracé veineux qui est presque la combinaison des deux précédents. Pression positive considérable et prolongée pendant l'expiration. Forte pression négative à l'inspiration (Fig. 11).

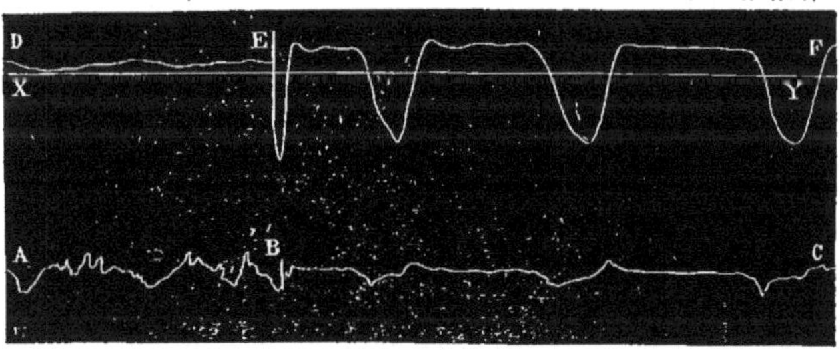

Fig. 11. *Tracé simultané : veines sus-hépatiques et respiration ; gêne aux deux temps de la respiration.*

Pour obtenir les tracés que nous venons de reproduire, il faut opérer sur des chiens éveillés et apporter une gêne considérable au passage de l'air. Lorsque l'obstacle est moindre, les résultats sont bien moins marqués. Sur un chien fortement morphiné, le besoin de respirer qui provoque les grands efforts respiratoires paraît être beaucoup amoindri. Ainsi nous avons obtenu dans ces conditions avec gêne à l'inspiration, le tracé inscrit dans la fig. 12, où la respiration est peu modifiée et la pression veineuse diminuée d'une petite quantité.

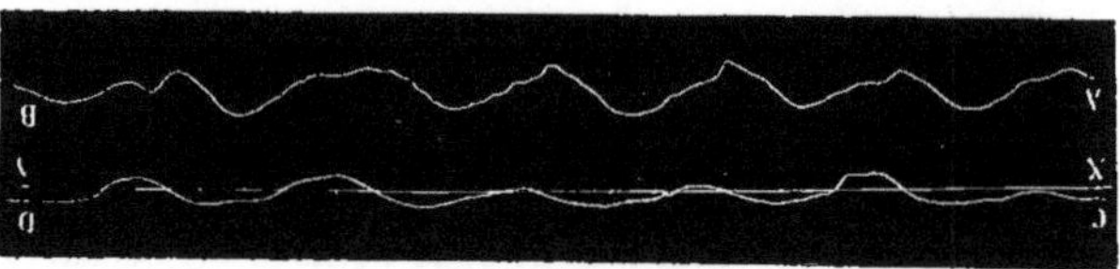

Fig. 12. *Tracé simultané : veines sus-hépatiques et respiration ; gêne à l'inspiration.*

§ 4. Rapport des oscillations de la pression veineuse avec les mouvements respiratoires.

Dans tous les tracés que nous avons reproduits, on peut remarquer un parallélisme constant entre les oscillations de la courbe veineuse et de la courbe respiratoire. Dans ces tracés, la courbe respiratoire est représentée par la ligne A B, dans laquelle l'inspiration correspond à la partie descendante et l'expiration à l'élévation de la courbe. A chaque inspiration a lieu un abaissement de la courbe veineuse C D ; abaissement qui atteint son maximum à la fin de l'inspiration pour remonter graduellement pendant la période expiratoire. Le minimum est d'autant plus bas que l'effort inspiratoire est plus énergique, le maximum d'autant plus élevé que l'expiration est plus forte.

Tels sont les rapports de la courbe veineuse avec la respiration lorsque celle-ci est normale et provoquée par les puissances musculaires de l'animal ; lorsqu'on pratique la circulation artificielle chez le chien curaré, on détermine un rapport inverse. Nous avons déjà vu, fig. 5, les oscillations de la pression veineuse interverties par rapport aux variations de la courbe respiratoire. On peut voir en outre dans ce tracé que la pression veineuse sous l'influence de la respiration artificielle, qui détruit l'aspiration thoracique, acquiert une hauteur anormale dans les veines sus-hépatiques comme dans le reste du système veineux thoracique. Cette pression toujours positive, varie entre 7 et 9 mm c'est-à-dire qu'elle est plus du double de la pression maxima qu'on trouve dans les veines sus-hépatiques avec la respiration normale.

CHAPITRE II

Pression du sang dans la veine-porte

§ 1. Manuel opératoire.

Une sonde métallique semblable à celle dont nous nous sommes servi pour les veines sus-hépatiques, mais longue seulement de 25 cent., nous a permis d'arriver dans la veine-porte jusque dans le sillon du foie. Pour introduire cette sonde, on pratique à la paroi latérale gauche de l'abdomen une incision verticale par laquelle on attire la rate au dehors; on dénude une des branches de la veine splénique, on la lie près de la scissure de l'organe; puis au-dessous de cette ligature, la paroi veineuse est incisée de manière à y faire pénétrer le bec de la sonde. Cette introduction, assez délicate à cause de l'extrême minceur des parois de la veine, ne peut s'effectuer qu'après les avoir saisies avec deux pinces très-fines de chaque côté de l'incision de manière à en écarter les bords. Mais après ce temps de l'opération il est facile de pousser la sonde jusque dans la veine-porte si l'on a soin de la porter dans la direction connue de vaisseaux, c'est-à-dire en l'enfonçant d'abord en arrière, puis en l'infléchissant à droite et enfin en haut. Lorsque la sonde est ainsi en position, on fixe sur elle les parois de la veine de manière à empêcher l'effusion du sang, tout en permettant à la sonde de glisser sous la ligature. On fait rentrer dans la cavité abdominale la rate et les parties d'épiploon qui s'en sont échappées, et on ferme la plaie aussi hermétiquement que possible autour de la sonde aumoyen de pinces à ligature ou de points de suture appliqués sur les muscles.

Nous avons étudié ainsi, comme pour les veines sus-hépatiques, la pression constante et les variations de la pression sous l'influence des mouvements respiratoires et des efforts volontaires ou provoqués.

§. 2. Pression du sang dans la veine-porte avec la respiration normale.

Les efforts abdominaux provoqués par la plaie des parois et par la blessure du péritoine amènent chez l'animal éveillé ou incomplétement endormi des compressions qui altèrent les conditions respiratoires. Les variations de la pression dans la veine-porte dûes seulement à ces dernières conditions ne peuvent s'obtenir que sur des chiens profondément endormis, et une injection sous-cutanée de 10 centigrammes de morphine est nécessaire pour amener une insensibilité suffisante pour faire disparaître les efforts.

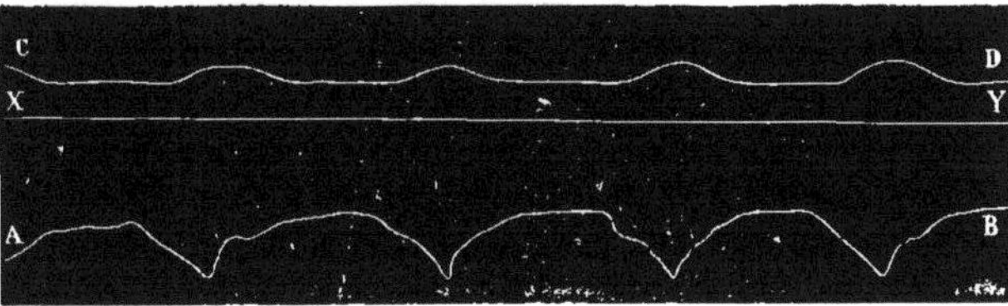

Fig. 13. *Tracé simultané : veine porte et respiration.*

La plupart des tracés qu'on obtient dans la veine-porte présentent des oscillations à chaque respiration ; elles consistent dans l'élévation de la courbe à l'inspiration et dans son abaissement à l'expiration. Ces oscillations de la pression sont en rapport avec l'ampleur de la respiration, comme on peut le voir en comparant les tracés des deux figures 13 et 14.

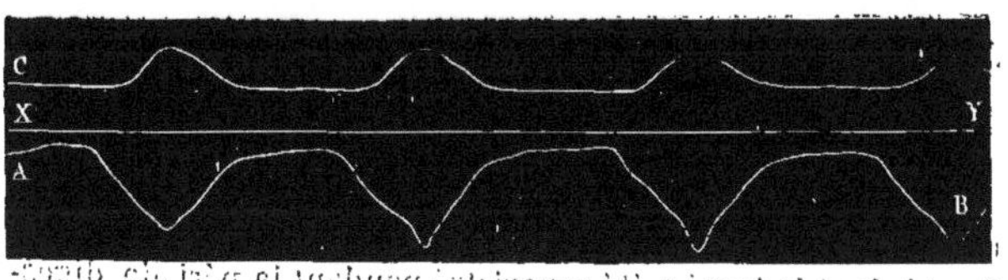

Fig. 14. *Tracé simultané : veine porte et respiration.*

Dans ces deux tracés pris sur le même chien, la pression constante est d'environ 7^{mm}. Pendant l'inspiration elle acquiert une hauteur de 9^{mm} dans la fig. 13 et de 14^{mm} dans la figure 14. En examinant les oscillations de la respiration A B dans chacune de ces deux figures, on voit qu'elles sont de 10 à 12mm dans la figure 13 et de 16 à 18mm dans la figure 14, c'est-à-dire en rapport avec l'élévation de la pression veineuse, qui s'ajoute à chaque inspiration à la pression constante.

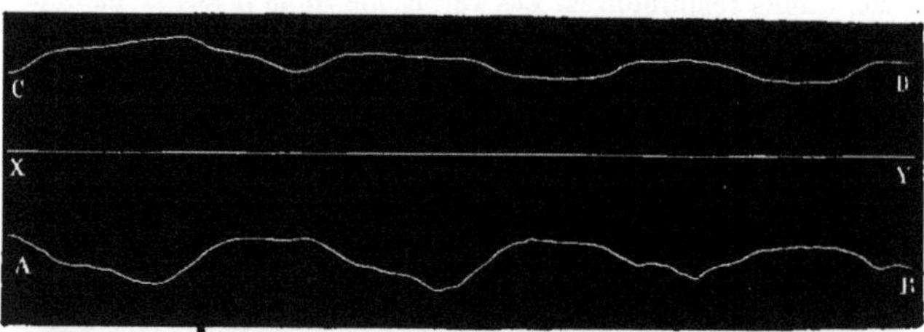

Fig. 15. *Tracé simultané : veine porte et respiration.*

La pression de 7mm est la plus basse, que nous ayons obtenu dans la veine-porte; le plus habituellement, elle est plus élevée comme montre la figure 15, dans laquelle elle varie entre 14 et 18mm.

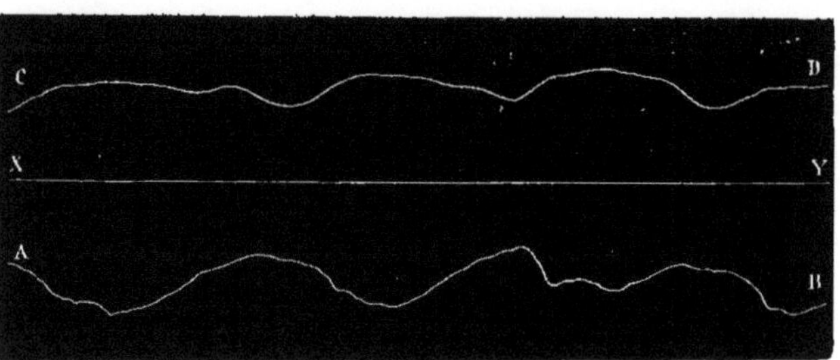

Fig. 16. *Tracé simultané : veine-porte et respiration. — Période digestive.*

Dans tous ces tracés l'augmentation de pression a lieu pendant l'inspiration. La même coïncidence se retrouve dans la fig. 16 dont le tracé a été enregistré pendant la période digestive, et dans laquelle la pression constante est plus forte que dans tous les tracés précédents ; elle varie entre 16 et 24mm.

§ 3. Pression dans la veine-porte avec des conditions accidentelles.

Dans tous les tracés précédents, nous avions eu soin de fermer la plaie abdominale ; lorsqu'on laisse celle-ci largement ouverte, tantôt on n'observe aucune oscillation respiratoire dans le tracé veineux, tantôt on en observe qui ont lieu en sens inverse de celles que nous avons observées jusqu'à présent ; un léger abaissement de la pression a lieu à chaque inspiration. Ce fait ne peut s'expliquer que par l'influence de l'aspiration thoracique qui se fait sentir à travers les capillaires du foie jusque dans la veine-porte en favorisant l'écoulement du sang qu'elle contient.

La même interversion peut se rencontrer accidentellement dans les oscillations quand la plaie de l'abdomen est fermée, c'est lorsque, l'animal étant incomplètement endormi, l'expiration s'accompagne d'un effort abdominal. Dans la figure 17, sont représentés la courbe de la respiration A B, la courbe de la pression dans la veine porte C D, enfin la courbe de la pression dans les veines sus-hépatiques E F. On voit que les trois courbes se suivent parallèlement dans leurs oscillations, et que la hauteur de la pression dans les veines sus-hépatiques à chaque expiration indique un léger effort expiratoire ; l'élévation de la pression dans la veine-porte montre que cet effort provient de l'abdomen.

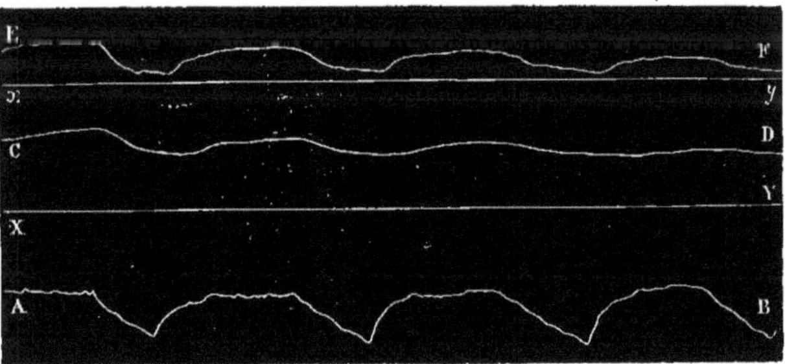

Fig. 17. *Tracé simultané : veines sus-hépatiques, veine-porte et respiration. — Effort expiratoire abdominal.*

Enfin lorsque la respiration a très peu d'ampleur, les oscillations de la pression de la veine-porte peuvent disparaître comme dans la figure 18.

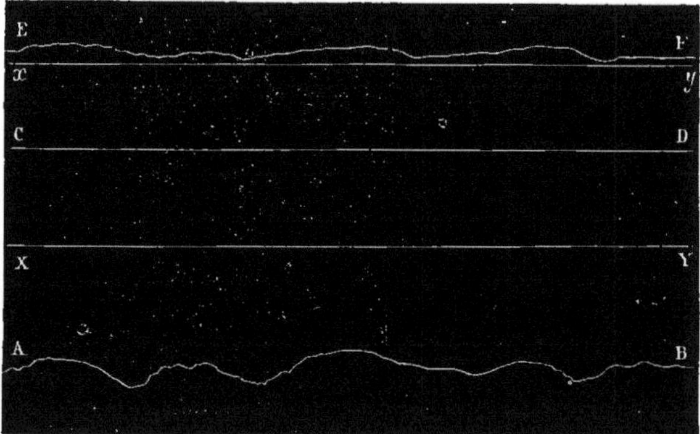

Fig. 18. *Tracé simultané : veines sus-hépatiques, veine porte et respiration.*

Gêne respiratoire. Lorsqu'on apporte un obstacle à l'entrée de l'air dans la poitrine, la pression de la veine-porte n'est pas sensiblement modifiée ; mais lorsqu'on gêne l'expiration, la pression acquiert une hauteur considérable (Fig. 19), elle mesure alors 22 à 32^{mm}; la coïncidence des variations avec les mouvements respiratoires est la même que pendant la respiration normale.

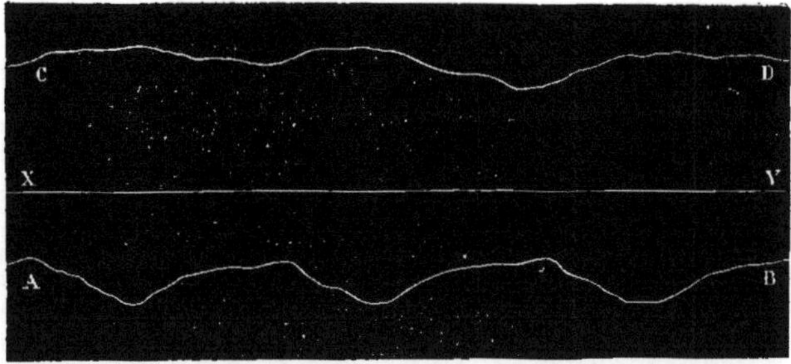

Fig. 19. *Tracé simultané : veine porte et respiration ; gêne à l'expiration.*

§4. Pression comparée dans la veine-porte et dans la veine-cave abdominale.

Les phénomènes de pression observés dans la veine-porte

s'expliquent facilement par sa disposition anatomique spéciale et par l'influence des mouvements du diaphragme sur la cavité abdominale ; cependant pour les analyser avec plus de précision nous avons enregistré un certain nombre de tracés pris dans la veine-cave abdominale qui, comme la veine-porte, se trouve contenue dans l'abdomen mais qui communique directement avec le thorax contrairement à la veine-porte qui en est séparée par son réseau capillaire. C'est par la veine crurale que nous avons pénétré dans la veine-cave ; la sonde y était poussée plus un moins profondément, jusqu'au niveau du foie où elle se trouvait arrêtée par l'inflexion brusque de la veine en avant.

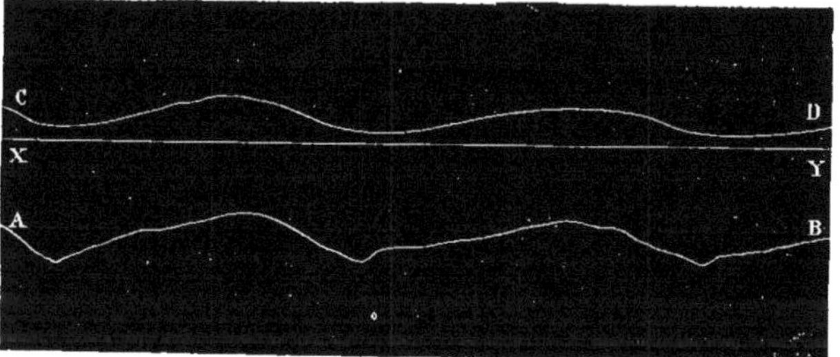

Fig. 20. *Tracé simultané : veine cave abdominale et respiration.*

La pression dans la veine-cave inférieure est moins haute que dans la veine-porte et elle n'est pas soumise aux mêmes variations de la part de la respiration. Cette pression diminue à mesure qu'on enfonce la sonde plus profondément, c'est-à-dire à mesure qu'on se rapproche du thorax. La figure 20 montre que la pression dans la partie la plus rapprochée du foie, est moindre que dans la partie moyenne de l'abdomen. (Fig. 21.)

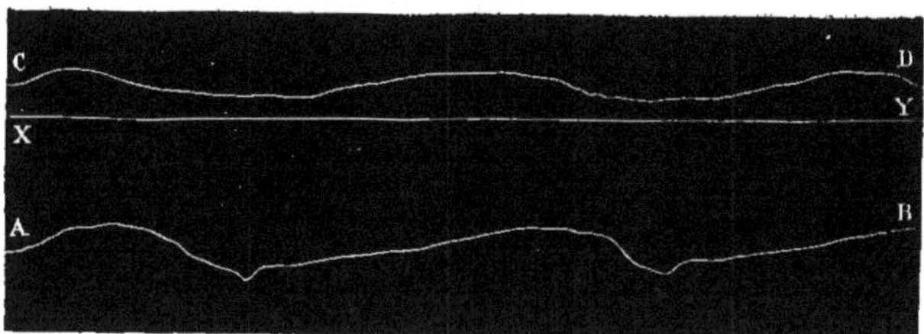

Fig. 21. *Tracé simultané : veine cave abdominale et respiration.*

Dans la fosse iliaque la pression est encore un peu plus élevée (Fig. 22).

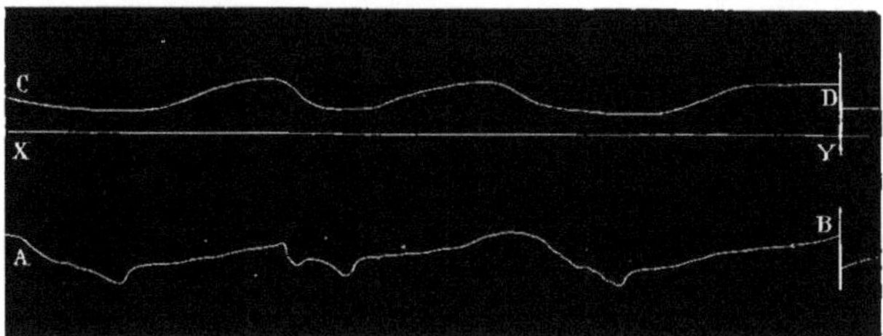

Fig. 22. *Tracé simultané : veine cave abdominale et respiration.*

Dans tous ces tracés, la pression varie entre 2 et 10 millim. Ce n'est donc pas à la compression abdominale seule qu'on doit attribuer l'élévation de la pression moyenne dans la veine-porte c'est au système capillaire hépatique qui constitue un obstacle au cours du sang et diminue l'influence de l'aspiration thoracique. Les variations dûes aux mouvements respiratoires ne sont pas les mêmes dans les deux veines ; dans la veine-cave inférieure, l'élévation de la courbe correspond à l'expiration, la descente coïncide avec l'inspiration. L'aspiration thoracique diminue indirectement la pression de cette veine en accélérant à chaque inspiration le cours du sang qui pénètre dans le thorax et cet effet détruit l'influence que la compression abdominale exerce au même moment sur les parois du vaisseau.

Cependant l'influence de l'abdomen sur la veine cave inférieure peut se constater dans un certain nombre de tracés. La figure 23 nous en fournit un exemple.

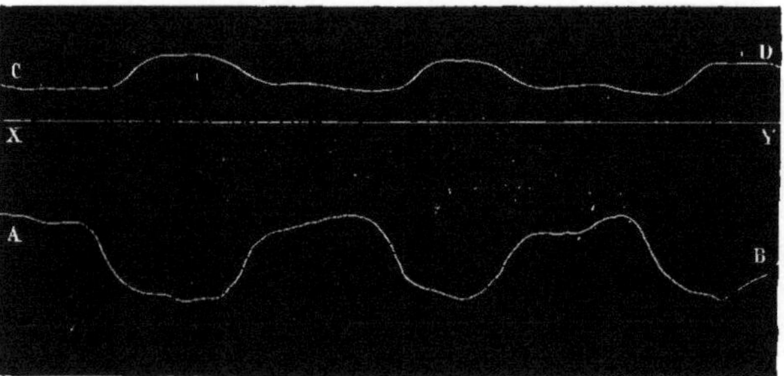

Fig. 23. *Tracé simultané : veine cave abdominale et respiration.*

Ici on remarque dans la courbe veineuse C D deux ordres d'oscillations ; une élévation plus considérable qui correspond à l'inspiration, une autre élévation plus faible qui coïncid avec l'expiration ; la première de ces augmentations de pression due à l'influence abdominale doit être attribuée à la grande ampleur des mouvements respiratoires et au rétrécissement considérable de la cavité abdominale par l'abaissement du diaphragme ; la seconde est l'indice de l'influence thoracique.

Lorsqu'on apporte un obstacle à l'expiration, la pression dans la veine-cave inférieure (fig. 24) acquiert une grande élévation à chaque expiration, mais elle revient pendant l'inspiration presque à la hauteur normale ; le sang ne s'accumule donc pas dans cette veine comme dans la veine-porte dans laquelle, sous la même influence, la pression se maintient bien plus régulièrement à une grande hauteur.

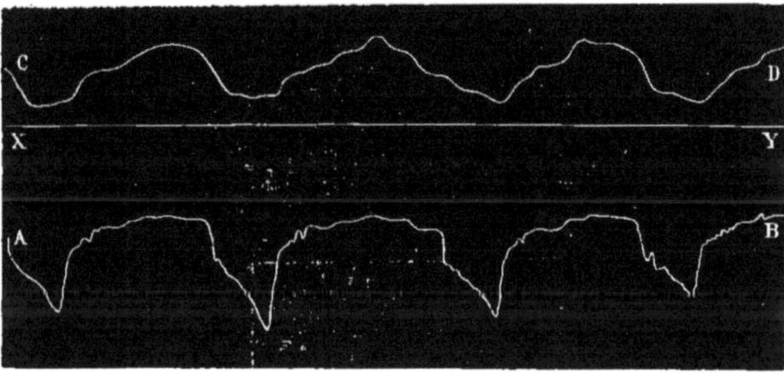

Fig. 24. *Tracé simultané : veine cave abdominale et respiration ; gêne à l'expiration.*

CHAPITRE III

Vitesse du cours du sang veineux dans le foie. (1)

§ 1. Manuel opératoire.

Nous avons employé, pour mesurer la vitesse de la circulation dans le foie, le procédé de Hering qui consiste à injecter dans le sang par un vaisseau déterminé une certaine quantité de prussiate de potasse et à rechercher ce sel dans un autre vaisseau plus ou moins éloigné de celui où a eu lieu l'injection. Le temps qui s'écoule entre le moment de l'injection et celui de l'apparition du sel indique le temps que le sang met à parcourir la distance qui sépare les deux vaisseaux en suivant le trajet naturel de la circulation.

Pour appliquer ce procédé à la circulation du foie nous avons dû, comme pour la mesure de la tension veineuse, nous servir de sondes métalliques introduites dans les gros troncs vasculaires par des vaisseaux de petit calibre.

Une première sonde introduite dans le tronc de la veine-porte jusqu'au sillon transverse du foie nous servait à l'introduction du prussiate de potasse dont on injectait une quantité connue au moyen d'une seringue graduée. Une autre sonde poussée par la veine-jugulaire jusque dans la veine-cave postérieure au niveau du diaphragme était destinée à recueillir des échantillons du sang qui sortait des veines sus-hépatiques. Enfin le sang ne pouvant sortir spontanément par cette sonde, nous adaptions à son extrémité une seringue munie d'un robinet à trois voies par lequel le sang était successivement extrait de la veine et chassé dans une série de tubes étiquetés où devait se faire ultérieurement la recherche du prussiate de potasse.

Les prises de sang, commencées immédiatement après l'injection du réactif étaient renouvelées aussi souvent que possible et pendant un temps suffisant ; le début et la fin de

(1) Nous remercions MM. Blanche, préparateur de physiologie, et G. Mocquot, externe des hôpitaux, qui nous ont aidé dans ces expériences.

chacune d'elles étaient notés exactement au moyen d'un compteur à secondes qu'on mettait en mouvement au moment même de l'injection du prussiate dans la veine-porte.

Après l'expérience, chacun des échantillons de sang ainsi recueilli était additionné de sulfate de soude, traité par la chaleur et filtré. On obtenait ainsi une seconde série de tubes correspondants aux premiers et contenant un liquide limpide dans lequel le moindre changement de coloration pouvait être facilement apprécié. Il ne restait qu'à verser dans chacun de ces tubes une goutte d'acide chlorhydrique et une goutte de solution de perchlorure de fer pour déterminer par la production de la réaction bleue caractéristique quels étaient les tubes qui renfermaient du prussiate de potasse, en même temps que l'intensité de la coloration indiquait quelle quantité relative de réactif était contenue dans chacun d'eux.

§ 2. Expériences d'essai.

Il était nécessaire avant d'entreprendre les expériences définitives de connaître la dose de prussiate de potasse la plus favorable à nos recherches, de savoir approximativement le temps que le sel met à arriver dans les veines sus-hépatiques enfin de s'assurer de la continuité et de la durée de son passage.

La quantité de prussiate de potasse qu'on doit injecter dans la veine-porte est très importante à déterminer ; il faut qu'elle soit assez forte pour produire une réaction nette après son mélange avec le sang du foie et qu'elle soit assez faible pour ne plus donner de coloration lorsque le sel est mélangé avec la totalité du sang de l'animal. En effet, lorsque le réactif a traversé le foie, il est recueilli, mais en partie seulement, avec le sang qui sort des veines sus-hépatiques ; la plus grande partie du sel continue à circuler avec le sang, parcourt la petite circulation, est distribuée par l'aorte dans tout le système artériel et finit par revenir dans les veines ; la présence du sel exposerait donc à une grave erreur s'il pouvait encore après ce trajet être décelé dans les échantillons de sang qu'on tire à ce moment.

En employant une solution de prussiate de potasse à $\frac{1}{4}$, la dose qui répond le mieux aux deux indications est celle de 80 centigrammes à 1 gramme. Lorsqu'on l'élève à 3 ou 4 grammes, son apparition n'est pas sensiblement modifiée, mais sa présence se prolonge pendant 4, 5, 6 minutes et le sel qu'on extrait alors a accompli plusieurs fois le trajet total de la circulation qui d'après Hering et Vierordt peut être évalué à 15 ou 20 secondes. Lorsqu'on emploie au contraire une dose inférieure à 80 centigrammes, l'apparition se trouve retardée, ce qui tient à ce que les premières portions du réactif qui arrivent dans les veines sus-hépatiques sont trop faibles pour produire une coloration appréciable ; dans ce cas, la disparition du sel se trouve avancée par la même raison.

Pour introduire dans la veine-porte la dose exacte de réactif, la contenance de la sonde qui lui donne passage doit être mesurée d'avance ; si elle mesure p. ex : 1 cent. cube, on ajoute 1 cent. cube de réactif à la dose qu'on veut injecter et on retire immédiatement après l'injection ce qui remplit la sonde.

En faisant les expériences dans ces conditions et en renouvelant les prises de sang aussi souvent que possible, on peut s'assurer que l'arrivée du prussiate dans les veines sus-hépatiques s'effectue sans interruption depuis son apparition jusqu'à sa disparition et qu'elle suit constamment une même marche qui est celle-ci : *La coloration d'abord très faible s'accroît graduellement, atteint une teinte foncée maxima, puis décroît régulièrement jusqu'à sa disparition.* Cette marche constante dans le passage du réactif réduit à trois les points importants à déterminer ; ce sont : *l'apparition, le maximum, la disparition* du sel dans les veines sus-hépatiques.

Nos premières expériences nous ont donné de ces trois phases une mesure approximative mais non exacte à cause de la difficulté d'extraire rapidement le sang et de l'interruption qui sépare forcément chaque extraction. Les résultats obtenus dans ces expériences variaient suivant le moment où les différentes prises de sang avaient pu être effectuées. Les prises de sang qui avaient lieu avant 7 ou 8 secondes ne contenaient jamais de réactif : celles qu'on pratiquait entre 7 et 12 secondes en contenaient le plus souvent et en petite quantité. C'est donc autour de ce moment 8 secondes après l'injection qu'il convient de multiplier les prises de sang pour s'assurer du temps exact de l'apparition du réactif. Les prises de sang qu'on pratiquait après 12 secondes contenaient toujours du réactif en quantité d'autant plus notable qu'elles se rapprochaient davantage de 25 ou 30 secondes après l'injection. Enfin c'est aux environs de 1 minute qu'on doit rechercher la disparition du sel, et il faut pour la déterminer exactement, pratiquer comme pour l'apparition du sel plusieurs prises de sang.

§ 3. Rapidité du passage du prussiate de potasse à travers le foie. — Conditions normales et accidentelles de la circulation.

Ce n'est qu'en répétant plusieurs fois de suite l'expérience sur le même animal et en laissant seulement l'intervalle nécessaire à l'élimination complète du prussiate de potasse qu'on peut arriver à remplir les conditions que nous avons signalées dans le paragraphe précédent.

Dans chaque expérience il suffit de pratiquer cinq extractions de sang ; la première aux moments de l'apparition du réactif, c'est-à-dire aux environs de 8 secondes ; trois autres dans le cours du passage pour déterminer le maximum ; enfin une dernière dans les moments où se fait la disparition du sel, c'est-à-dire aux environs de 1 minute.

On note exactement, au moyen du chronomètre, le début et la fin de chacune de ces prises de sang et suivant l'intensité de la teinte qu'on obtient dans chaque échantillon, on retarde ou on avance de quelques secondes les prises de sang dans les expériences suivantes jusqu'à ce qu'on ait atteint le moment exact où la coloration commence à paraître, celui où elle disparaît et enfin celui où elle atteint la teinte la plus foncée. Dans toutes les expériences, on agit autant que possible sur les mêmes quantités de substances de manière à pouvoir comparer entre eux tous les résultats, ce qui permet de déterminer exactement les trois points de repère qui représentent la rapidité du passage du prussiate et la vitesse de la circulation. Nous avons obtenu ainsi les résultats suivants :

L'*apparition* du prussiate de potasse dans les veines sus-hépatiques varie peu. Dans nos expériences, nous avons trouvé que le temps le plus court a été de 6 à 7 secondes, le plus long de 12 secondes ; mais dans les expériences qui nous ont fourni ce dernier résultat, l'injection avait été seulement de 70 centigrammes, ce qui retarde un peu l'apparition.

Dans les conditions normales de la respiration et de la circulation, c'est donc entre 7 et 10 secondes qu'on doit placer le moment de l'apparition du prussiate. La moyenne est de 8 secondes.

Le *maximum* varie à peine avec la dose de réactif injecté,

c'est toujours entre 20 et 35 secondes que la réaction acquiert la teinte la plus foncée ; mais il présente des variations souvent assez étendues, qui peuvent aller jusqu'à 8 ou 10 secondes, dans deux expériences successives et qui semblent faites dans les mêmes conditions. Cependant, comme on peut le déterminer presque à chaque expérience, nous pouvons établir une moyenne basée sur un grand nombre de faits ; moyenne représentée par le chiffre de 25 secondes.

La *disparition* de la coloration bleue ou la fin du passage du prussiate de potasse dans les veines sus-hépatiques est le point le plus constant lorsque les expériences ont été faites dans les mêmes conditions et avec la dose convenable de réactif. Elle a lieu entre 1 minute et 1 minute 10 secondes ; le plus souvent à 1 minute.

Nous avons vu qu'on pouvait augmenter ou diminuer la pression dans les veines sus-hépatiques et dans la veine-porte en modifiant l'entrée ou la sortie de l'air dans la poitrine. D'après les résultats que nous avons obtenus, la circulation du foie doit être accélérée lorsqu'on apporte un obstacle à l'inspiration ; elle doit au contraire être ralentie, lorsqu'on établit une gêne à la sortie de l'air. Nous avons essayé de vérifier ce fait expérimentalement. L'expérience a échoué avec la gêne à l'inspiration et nous n'avons pas eu le temps de la répéter ; mais avec la gêne à l'expiration nous avons obtenu le résultat attendu, les phases du passage du prussiate ont été notablement retardées. L'apparition du sel se fait alors vers 15 secondes, le maximum à 40 secondes, la disparition à deux minutes ; tandis que dans les expériences comparatives pratiquées avant et après la gêne à l'expiration, l'apparition avait lieu vers 12 secondes, le maximum entre 25 et 30 secondes, la disparition à une minute. La circulation du foie est donc retardée par la gêne à l'expiration et il est probable qu'elle est accélérée dans les mêmes proportions par la gêne à l'inspiration. Ce sont là les seules modifications de la vitesse que nous ayons recherchées ; les phénomènes complexes qu'on doit constater simultanément et les autres difficultés qu'on rencontre dans ces expériences ne nous ont pas encore permis de nous livrer à une étude plus complète, et de déterminer en particulier, les variations de la vitesse sous l'influence de la digestion.

§ 4. Evaluation de la vitesse moyenne du courant sanguin dans le foie.

La rapidité du passage d'un réactif à travers les vaisseaux du foie ne peut donner que la vitesse relative du cours du sang suivant les diverses modifications auxquelles on peut soumettre la circulation. Pour déduire de nos expériences la vitesse absolue, il nous faut d'autres données qu'on ne peut acquérir que d'une manière indirecte, mais qu'il est possible cependant d'établir avec assez d'exactitude pour arriver à la solution du problème.

Les moyens suivants nous ont permis de déterminer la vitesse absolue du cours du sang : 1° Calcul approximatif de la longueur du trajet parcouru par le sang;

2° Passage du réactif *in vitro* et calcul de la quantité de sang qui traverse le foie en un temps donné.

Recherchons d'abord comment, avec la mesure du trajet parcouru, l'analyse raisonnée du passage du prussiate de potasse dans les vaisseaux du foie peut nous conduire à l'évaluation de la vitesse absolue.

Lorsque le prussiate de potasse est arrivé dans le tronc de la veine-porte, il est entraîné par le courant sanguin dans les ramifications de ce vaisseau dans lesquelles il se divise de manière à fournir à chacune une petite quantité de réactif. Chacune de ces quantités de réactif met un temps plus ou moins long pour arriver aux lobules du foie suivant que le trajet qui l'y conduit est plus ou moins étendu. Des lobules, le sang est également transporté plus ou moins rapidement dans la veine-cave suivant la longueur de la branche sus-hépatique dans laquelle il chemine.

Les parties de réactif qui sortent les premières, c'est-à-dire vers huit secondes, des veines sus-hépatiques sont donc celles qui ont suivi le plus court trajet de la veine-porte aux lobules et des lobules dans la veine cave; celles qui arrivent au moment de la disparition, vers une minute, ont au contraire suivi le trajet le plus long (1). Or, il est possible d'évaluer

(1) On pourrait attribuer à la diffusion du réactif dans le sang, son apparition successive dans les veines sus-hépatiques. Nous nous sommes assuré que la diffusion se fait trop lentement pour expliquer les résultats obtenus ; nous ne la regardons que comme une cause d'erreur qui même ne modifie pas beaucoup les résultats.

approximativement la longueur de ces deux trajets en mesurant sur un foie de volume moyen : 1° la distance qui sépare la veine porte de l'embouchure des veines sus-hépatiques en passant par les portions de tissu hépatique les plus rapprochées, distance qui représente le trajet le plus court possible et qui est de 4 cent. environ ; 2° la distance qui sépare les mêmes veines en passant par la pointe la plus éloignée du lobe gauche du foie, distance qui représente le trajet le plus étendu que puisse suivre le sang et qui est d'environ 25 cent. En acceptant ces chiffres comme approximation du trajet parcouru par les deux portions extrêmes du réactif, on voit que celui-ci traverse en 8 secondes un trajet de 4 cent. et en 60 secondes un trajet de 25 cent. ce qui indique que le cours du sang se fait avec une vitesse de 4 à 5 millim. par seconde.

Il est encore un autre trajet qu'on peut déterminer, c'est celui qui correspond au passage maximum du réactif.

Lorsqu'on examine la conformation extérieure du foie chez le chien, on voit qu'il est constitué par 5 ou 6 lobes séparés par de profondes scissures qui s'enfoncent jusqu'aux environs de l'origine des vaisseaux. Chacun de ces lobes a la forme d'un segment de sphéroïde assez mince aux environs des vaisseaux, mais qui s'épaissit graduellement à mesure qu'on s'en éloigne et qui, après avoir présenté une épaisseur maxima, s'aminoit insensiblement jusqu'à son bord extérieur qui est mince et tranchant.

Comment s'effectue le passage du prussiate de potasse dans un de ces lobes pris séparément ? La partie la plus voisine des vaisseaux est celle qui offre au sang et au réactif le chemin le plus direct et le plus court pour passer de la veine-porte dans la veine-cave, mais son peu d'épaisseur ne permet qu'à une petite quantité de liquide de passer à la fois pour sortir au même instant de la veine sus-hépatique. La quantité de réactif qu'on pourrait y recueillir au moment de son apparition est donc très-petite. Les parties voisines, un peu plus éloignées, nécessitent un trajet plus long, mais elles sont aussi plus épaisses et livrent passage simultanément à de plus grandes quantités de réactif; celles-ci augmentent donc jusqu'au moment où le trajet passe par le point le plus épais du lobe, moment dans lequel l'arrivée du réactif dans la veine sus-hépatique atteint son maximum. Plus loin, l'épaisseur du lobe diminuant insensiblement, le passage du réactif diminue également jusqu'à sa disparition.

En conséquence, si on prend un lobe hépatique, qu'on détermine le point où il offre la plus grande épaisseur et qu'on mesure la distance qui sépare ce point, d'une part de la veine-porte, d'autre part de l'embouchure de la veine sus-hépatique correspondante, on aura la mesure approximative du trajet par lequel la plus grande quantité de réactif peut passer simultanément dans ce lobe.

En faisant le même calcul pour chacun des autres lobes du foie et en prenant la moyenne on obtiendra pour tout le foie la longueur du trajet qui correspond au maximum du passage du réactif.

Cette mensuration exécutée avec le plus grand soin nous a donné pour un foie de volume moyen une longueur de 12 cent. En rapprochant ce chiffre de celui de 25 secondes qui représente le passage maximum du réactif nous trouvons que c'est avec une vitesse de 5 millim. par seconde environ que s'effectue le cours du sang dans le foie.

Sans donner ce mode d'évaluation comme très-rigoureux, nous ferons cependant remarquer que le rapport de l'espace parcouru au temps écoulé exprimé par la fraction $\frac{4}{8}$ ou $\frac{1}{2}$ au moment de l'apparition diffère à peine de ce résultat $\frac{12}{25}$ que nous trouvons au moment du maximum. La différence qui existe dans le rapport $\frac{25}{60}$ qui donne 4 au lieu de 5 millim. par seconde au moment de la disparition peut s'expliquer par le retard que la diffusion apporte dans la marche des dernières portions du réactif. Enfin nous devons ajouter que le chiffre de 5 millim. par seconde doit être un peu trop faible à cause de la direction des vaisseaux qui dans le foie sont il est vrai peu flexueux, mais non rectilignes comme les trajets que nous avons mesurés. Nous donnons dans le chapitre suivant un autre moyen d'évaluation de la vitesse absolue.

CHAPITRE IV.

Expériences in vitro.— Conditions diverses de l'écoulement des liquides à travers les vaisseaux du foie.

§ 1. Circulation artificielle d'eau ou de sérum dans les vaisseaux du foie.

Nous avons entrepris ces expériences, non dans le but d'étudier les phénomènes de la circulation normale, mais pour contrôler les résultats que nous avions obtenus dans la détermination de la vitesse du cours du sang chez l'animal vivant. Cependant elles nous ont permis de constater entre les pressions et les conditions de l'écoulement des rapports qui ne peuvent pas être beaucoup modifiés par la circulation normale et que nous devons par conséquent exposer.

Voici d'abord comment nous pratiquons la circulation artificielle.

Le foie est extrait du corps de l'animal immédiatement après la mort et avec les précautions nécessaires pour ne pas déchirer son tissu ; lorsque ses vaisseaux ont été lavés et débarrassés autant que possible de leurs caillots, on établit la communication entre les troncs vasculaires et l'appareil destiné à y faire passer un courant continu de liquide.

Pour la veine-porte, cet appareil se compose d'un assez long tube de caoutchouc dont une des extrémités, munie d'une canule, est fixée dans le tronc de la veine-porte tandis que l'autre, terminée par un tube de verre recourbé, plonge dans un vase rempli du liquide qui doit traverser le foie. Ce vase à large diamètre peut être élevé plus ou moins au-dessus du niveau du foie suivant qu'on veut déterminer dans la veine-porte une pression plus ou moins haute et par là un écoulement plus ou moins rapide. Le tube de caoutchouc est en outre muni dans sa longueur d'un intermédiaire métallique constitué par une petite canule sur laquelle sont branchés transversalement deux tubes latéraux dont l'un communique avec un manomètre et dont l'autre, destiné à l'introduction du prussiate de potasse, sera ouvert seulement à ce moment.

Le manomètre, dont le niveau est placé sur le même plan horizontal que la veine-porte doit donner en mercure la mesure de la pression dans cette veine déjà indiquée d'ailleurs par la hauteur du vase au-dessus du foie.

Quant à l'appareil destiné à recueillir le sang des veines sus-hépatiques, il se compose d'un tube de verre qu'on fixe dans le bout supérieur de la veine-cave dont le bout inférieur est lié, et d'un tuyau de caoutchouc dont l'extrémité peut être placée à différentes hauteurs au dessus ou au-dessous des veines sus-hépatiques, de manière à y produire des pressions positives ou négatives.

Lorsqu'on veut produire l'écoulement par l'artère hépatique on lui applique un appareil analogue à celui de la veine-porte; seulement l'eau y arrive par un robinet sous une forte pression qu'on peut mesurer et règler au moyen du manomètre.

On peut au moyen de ces divers appareils faire passer à volonté le courant de liquide par la veine-porte seule, par l'artère hépatique seule ou enfin simultanément par ces deux vaisseaux; de plus on peut déterminer dans chaque vaisseau des pressions variables.

Au moment de l'expérience, le foie était suspendu dans un vase rempli d'eau de manière à égaliser les pressions qui s'exercent à la surface. Lorsqu'on s'était assuré que le liquide ne s'échappait pas ailleurs que par le tube fixé dans la veine-cave, on établissait les pressions voulues et on mesurait au moyen d'un compteur à secondes et de vases gradués la quantité de liquide qui s'écoulait par ce tube en un temps donné.

Comme liquide nous nous étions d'abord servi de sérum artificiel se rapprochant autant que possible des caractères physiques du sang; mais nous avons vu bientôt que l'écoulement d'un tel liquide rencontrait des obstacles qui ne lui permettaient pas d'atteindre un chiffre égal à la quantité de sang qui traverse normalement le foie. En employant simplement l'eau, l'écoulement se fait beaucoup plus facilement et les résultats obtenus dans les mêmes conditions diffèrent très-peu les uns des autres.

§ 2. Rapports entre les pressions et les phénomènes de l'écoulement.

En rassemblant par ordre les faits nombreux observés dans

ces expériences nous sommes arrivés aux résultats suivants :

1° L'écoulement par la veine-porte est en raison directe de la pression qui existe dans ce vaisseau ; c'est-à-dire que si après avoir déterminé un premier écoulement, on place le vase contenant le liquide à une hauteur double, triple, etc., la quantité de liquide recueilli dans le temps donné devient double triple, etc.

2° La même loi se vérifie par l'artère hépatique.

3° L'écoulement simultané par les deux vaisseaux est un peu plus considérable que la somme de leurs écoulements successifs en établissant la même proportion de temps.

4° La pression dans les veines sus-hépatiques fait varier l'écoulement dans des proportions moins régulières que celle des vaisseaux afférents ; l'augmentation de cette pression re tarde l'écoulement ; sa diminution l'accélère.

5° Le résultat le plus intéressant fourni par la pression dans les veines sus-hépatiques est l'arrêt de l'écoulement lorsqu'elle atteint un certaine hauteur.

Lorsque le liquide passe par la veine-porte, il faut pour arrêter l'écoulement, que la pression dans les veines sus-hépatiques soit élevée presque au niveau de celle de la veine-porte.

Lorsque le liquide passe par l'artère hépatique, il suffit pour arrêter l'écoulement que la pression dans les veines sus-hépatiques soit 6 à 10 fois moindre que celle de l'artère.

Le courant de liquide parait donc rencontrer dans les capillaires de la veine-porte une résistance très-faible; tandis que les capillaires de l'artère hépatique lui en opposent une très-consirable.

Lorsque la pression est de 26 cent. dans la veine-porte, l'écoulement s'arrête lorsque celle des veines sus-hépatiques est portée vers 24 ou 25 cent.

Lorsque la pression est de 10 cent. de mercure c'est-à-dire de 135 cent. dans l'artère hépatique, une pression de 10 à 20 cent. dans les veines sus-hépatiques arrête l'écoulement.

6° Un fait curieux, auquel nous n'avons trouvé qu'une seule exception sur 8 cas, c'est que, le liquide, qui passe par l'artère hépatique avec une pression de 8 à 10 cent. de mercure s'écoule exclusivement par les veines sus-hépatiques et non par la veine-porte, quoique les deux veines soient ouvertes et soumises à la même pression. Il ne s'écoule par la veine porte que quelques gouttes de liquide qui provient de l'imbibition et dont la quantité n'augmente pas quand la pression dans l'artère est élevée et l'écoulement par les veines sus-hépatiques plus considérable. Dans un seul cas, l'écoulement était égal par les deux veines.

§ 3. Application des circulations artificielles à la recherche de la quantité de sang qui traverse le foie en un temps donné.

Après avoir déterminé les phases du passage du prussiate de potasse à travers les vaisseaux du foie chez l'animal vivant, nous avons enlevé plusieurs de ces foies pour les soumettre à la circulation artificielle et étudier dans ces conditions la rapidité du passage du prussiate. Nous nous sommes d'abord assuré en répétant l'expérience sur le même foie et avec des écoulements variés, que le passage du prussiate était en rapport avec la vitesse de l'écoulement. Ainsi pour prendre les chiffres que nous avons trouvés dans un cas ; lorsque l'écoulement se faisait à raison de 110 cent. cubes par minute, l'injection de prussiate dans la veine-porte étant pratiquée à 0 minute 0 seconde, l'apparition du sel dans les veines sus-hépatiques avait lieu vers 25 secondes, sa disparition vers 2 minutes. En augmentant l'écoulement à raison de 200 cent. cubes par minute, l'apparition du réactif se fait une fois à 10 secondes, sa disparition vers 1 minute ; une seconde fois, apparition vers 12 secondes, disparition à une minute. Nous pouvons donc dire que sauf de légères erreurs dûes à la difficulté de constater exactement le début et la fin du passage à cause de la pâleur de la teinte bleue, nous avons trouvé le passage du prussiate de potasse subordonné à l'écoulement du liquide qui lui sert de véhicule, et qui l'entraine avec lui. Si on arrive à produire le passage du prussiate avec une vitesse égale à celle qu'on a constatée sur l'animal vivant, on pourra donc conclure que la quantité d'eau qui, dans cette expérience, s'écoule en un temps donné est égale à la quantité de sang qui traversait le foie pendant le même temps dans la circulation normale.

Or, il est facile de remplir cette condition et d'évaluer l'écoulement avec lequel on peut la produire, soit en le déterminant directement, soit le calculant au moyen du rapport qui existe entre la vitesse du passage du prussiate et celle de l'écoulement du liquide.

Dans une de nos expériences de vitesse nous avions trouvé que l'apparition du sel avait lieu vers 12 secondes, son maximum vers 25 secondes, sa disparition vers 1 minute. Dans la circulation artificielle pratiquée sur le même foie nous faisons plusieurs injections de prussiate et nous constatons que le passage est trop rapide lorsque l'écoulement est de 250 cent. cubes d'eau par minute, qu'il est beaucoup trop lent avec un écoulement de 100 cent. cubes par minute ; nous sommes amené ainsi à répéter l'expérience avec une écoulement de 200 cent. cubes par minute et nous obtenons alors les résultats suivants :

1re injection : apparition vers 10 secondes, maximum vers 35 secondes, disparition vers 1 minute.

2e injection : apparition vers 12 secondes, maximum vers 20 secondes, disparition vers 1 minute.

La moyenne de ces chiffres se rapproche autant que possible de ceux que nous a fournis le passage de prussiate chez l'animal vivant ; nous pouvons donc en conclure que le sang de la veine-porte traversait le foie à raison de 200 cent. cubes par minute.

Dans une autre expérience sur le chien vivant : apparition de prussiate entre 5 secondes et 7 secondes ; maximum vers 20 secondes ; disparition vers 1 minute 10 secondes.

La circulation artificielle nous donne avec un écoulement de 100 cent. cubes par minute ; apparition du prusssiate à 10 secondes ; maximum vers 50 secondes ; disparition à 2 minutes.

Le passage est sensiblement plus lent que dans la circulation normale.

Nous élevons l'écoulement à 250 cent. cubes par minute : apparition du prussiate à 6 secondes ; disparition à 45 secondes. Le passage dans ce cas est au contraire trop rapide.

C'est encore avec un écoulement de 200 cent. cubes par minute qu'on se rapproche le plus des conditions observées dans la circulation normale.

C'est aussi aux environs de ce chiffre de 200 cent. cubes, que le résultat de nos autres expériences nous a conduit à fixer la quantité de sang qui passe par la veine-porte en 1 minute.

Mais pour pouvoir l'établir d'une façon définitive, et surtout pour en déterminer les variations suivant le volume du foie et suivant d'autres circonstances qui peuvent la modifier ; il faudrait disposer d'expériences beaucoup plus nombreuses que celles nous avons pu pratiquer ; aussi ne le donnons-nous que comme une moyenne approximative.

§ 4. Vitesse du sang dans les différentes sections du système veineux du foie.

Connaissant le volume de sang veineux qui traverse le foie en 1 minute, il est facile en mesurant le diamètre de la veine-porte de calculer la surface de section de ce vaisseau et d'y déterminer la vitesse du courant sanguin.

Le diamètre de la veine porte, dans les foies sur lesquels nous avons expérimenté, variait entre 9 et 11 milimètres ; par conséquent la surface de section de ce vaisseau était en moyenne un peu moindre que 1 cent. carré.

Si par minute, il passe 200 cent. cubes de sang par la veine-porte, c'est-à-dire une colonne d'environ 200 cent. de hauteur, en 1 seconde, il passera une colonne 60 fois moindre, c'est-à-dire que le sang y progressera avec une vitesse de 33 millim. par seconde.

Il faut remarquer que le sang progresse bien plus lentement dans l'intérieur du foie, le calibre des ramifications de la veine-porte hépatique représente un tronc de cône qui s'évase depuis le tronc de la veine jusqu'aux capillaires ; déjà la somme des calibres des deux branches de la veine-porte est bien plus considérable que le calibre du tronc lui-même ; elle lui est supérieure d'environ un tiers ; la vitesse du sang n'y est donc plus que de 22^{mm}. par seconde. La somme des calibres des veines sus-hépatiques au niveau de leur embouchure est en moyenne double du calibre de la veine-porte, la vitesse y est réduite à 16^{mm} par seconde. Dans les parties intermédiaires aux deux veines, le cours du sang est encore beaucoup plus lent; car la somme du calibre des branches dans chacun des systèmes afférents et efférents augmente rapidement à mesure qu'on se rapproche des capillaires et la vitesse qui décroît en raison du carré du diamètre n'y est plus que de quelques millimètres par seconde, comme nous l'a montré l'évaluation approximative des trajets parcourus par le sang.

CONCLUSIONS GÉNÉRALES

Pression du sang.

La *pression constante* du sang dans la veine-porte varie entre 7 et 20^{mm} de mercure. Cette pression élevée, relativement à la tension ordinaire du sang dans les vaisseaux veineux voisins de la poitrine, reconnaît pour cause l'obstacle apporté au cours du sang dans le foie par le réseau capillaire hépatique. Cependant, cette pression est bien inférieure à celle des artères ; il faut donc en conclure que l'obstacle que trouve devant lui le sang de la veine-porte est beaucoup plus faible que celui qu'opposent au sang artériel les capillaires de la circulation générale; c'est, en effet, ce qui ressort de nos expériences sur les écoulements comparatifs par la veine-porte et par l'artère hépatique.

La pression constante dans la veine-porte est plus ou moins haute suivant la quantité de sang qu'y apportent les artères viscérales de l'abdomen, c'est-à-dire qu'elle dépend en grande partie de la contraction ou de la dilatation de ces vaisseaux. On sait que la digestion détermine dans le système vasculaire gastro-intestinal un afflux sanguin considérable et l'absorption d'une quantité plus ou moins grande de liquide : d'après nos tracés, il existe pendant la période digestive une augmentation très-marquée de la pression constante, résultat qui doit se produire dans tous les cas où il existe une action paralysante des vaso-moteurs de l'intestin. La contraction des artères destinées au tube digestif amène, au contraire, une diminution dans la pression.

Quant aux veines viscérales splénique et mésaraïques dont la contractilité est manifeste, leur resserrement ne peut produire également que l'abaissement de la pression dans la veine-porte; mais, en même temps, en gênant l'abord du sang dans ces veines, il augmente la pression dans le système capillaire gastro-intestinal.

Une seconde source d'actions qui modifient aussi la pression constante dans la veine-porte réside dans la résistance variable qu'éprouve l'écoulement du sang à travers le réseau capillaire du foie. Le système nerveux ne paraît pas avoir d'action sur les ramifications hépatiques de la veine-porte ; la cause de ces variations réside donc seulement dans les différences de pression qui se produisent dans les veines sus-hépatiques. Lorsque cette pression s'abaisse, comme dans la gêne à l'inspiration, la pression de la veine-porte s'abaisse également ; la pression dans les deux veines s'élève au contraire à la fois pendant la gêne à l'expiration.

La *pression variable* ou les variations rapides de la pression sont déterminées dans la veine-porte par deux phénomènes principaux : les mouvements respiratoires et les contractions musculaires de l'abdomen. L'abaissement du diaphragme, en resserrant la cavité abdominale, produit une élévation de la pression à chaque inspiration.

Les efforts abdominaux par le même mécanisme produisent un résultat analogue, mais d'une manière plus ou moins irrégulière, par rapport aux mouvements respiratoires.

Dans certaines circonstances, la pression de la veine-porte peut s'abaisser pendant l'inspiration, mais ce résultat ne paraît pas pouvoir arriver dans les conditions normales; il faut, pour qu'il ait lieu, que l'abaissement de pression dans les veines sus-hépatiques au moment de l'inspiration soit assez considérable pour se propager jusque dans la veine-porte et que l'influence de l'abdomen cesse d'agir.

La *pression constante* dans le système veineux sus-hépatique varie comme dans les veines thoraciques sous l'influence de deux causes opposées.

D'une part, la quantité de sang qui arrive dans le thorax pour remplir les veines-caves et l'oreillette tend à augmenter la pression. D'autre part, la quantité de sang soustraite à ces vaisseaux par le débit du ventricule laisse un vide qui tend à diminuer la même pression.

La pression constante est la résultante de ces deux effets, et elle varie suivant qu'ils se compensent ou que l'un des deux prédomine sur l'autre ; elle diminue lorsqu'il y a insuffisance de l'abord du sang dans le thorax, elle augmente lorsque l'insuffisance est dans le débit du ventricule.

C'est à la dilatation du médiastin par la rétractilité pulmonaire qu'il faut attribuer la cause primordiale de ces phénomènes. Nous en trouvons la preuve dans les obstacles à l'inspiration ou à l'expiration qui, en augmentant ou en diminuant cette dilatation, amènent soit une pression constamment négative, soit une pression constamment positive et considérable dans tout le système veineux sus-hépatique et thoracique.

La *pression variable* dans les veines sus-hépatiques qui coïncide avec les mouvements respiratoires est dûe également à la cause que nous venons d'exposer. A chaque inspiration, il y a dans la pression un abaissement qui devient énorme lorsqu'il existe un obstacle à l'inspiration ; à chaque expiration, il y a une élévation que la gêne à l'expiration rend considérable.

Les contractions des parois abdominales peuvent aussi faire varier la pression dans les veines sus-hépatiques par l'intermédiaire de la veine-cave inférieure et modifier les variations dues à l'influence de la poitrine.

Vitesse du cours du sang.

Les variations de la vitesse du cours du sang que nous avons étudiées directement soit sur l'animal vivant, soit sur le foie isolé, nous permettent de les regarder comme déterminées par la différence qui existe entre la pression de la veine-porte et celle des veines sus-hépatiques. Nous pouvons donc les déduire des modifications de pression que nous venons d'étudier.

Comme celles de la pression, les variations de la vitesse sont lentes ou rapides.

A l'état normal, la cause la plus importante des *variations lentes* est la période digestive pendant laquelle une grande quantité de sang passe par les vaisseaux de l'intestin et, par conséquent, par la veine-porte. Les tracés de la pression dans la veine-porte nous montrent, en effet, une élévation considérable pendant la digestion. Dans l'intervalle, une quantité moindre du sang traverse le foie en un temps donné.

Du côté des veines thoraciques, toute augmentation persistante de la pression produit le ralentissement du cours du sang dans le foie; nous avons pu le démontrer directement par le résultat obtenu avec la gêne à l'expiration qui retarde considérablement le passage des réactifs à travers l'appareil vasculaire hépatique.

En nous fondant sur ces considérations, nous pouvons avancer qu'il existe des *variations rapides* de la vitesse à chaque mouvement respiratoire. En effet, à chaque inspiration deux causes concourent à accélérer la vitesse;

l'augmentation de la pression dans la veine-porte et sa diminution dans les veines sus-hépatiques. Les phénomènes inverses retardent au contraire le cours du sang pendant l'expiration. Pendant l'inspiration, la veine-porte comprimée se vide dans le thorax ; pendant l'expiration, elle se remplit de sang ; il existe donc une sorte de systote et de diastole incomplètes du système de la veine-porte coïncidant avec les mouvements respiratoires et dont l'agent principal comme dilatateur de la poitrine et comme compresseur de l'abdomen est le diaphragme.

La vitesse absolue du cours du sang dans le foie correspond à un débit moyen de 200 cent. cubes par minute.

Elle est de 33^{mm} par seconde dans le tronc de la veine-porte ; de 16^{mm} par seconde à l'embouchure des veines sus-hépatiques ; enfin de 5^{mm} environ par seconde dans l'épaisseur du foie.

TABLE DES MATIÈRES

VERSAILLES. — CERF ET FILS, IMPRIMEURS, 59, RUE DU PLESSIS.

www.ingramcontent.com/pod-product-compliance
Ingram Content Group UK Ltd.
Pitfield, Milton Keynes, MK11 3LW, UK
UKHW020411230726
13925UKWH00004B/1352